Apprendre à parler avec des comptines

30 activités pour développer les compétences langagières

MARIE GOËTZ-GEORGES

Maternelle

RETZ
www.editions-retz.com
1, rue du Départ
75014 PARIS

Mise en page : Compo 2000
Direction éditoriale : Sylvie Cuchin
Édition : Viviane Suschetet
Illustrations : Marina Rouzé
Corrections : Florence Richard

Sommaire

Partie 2 - Mise(s) en œuvre

Partie 3 - Propositions pédagogiques de programmation

Partie 4 - Les activités

Partie 5 - Répertoire de comptines

Avertissement : nous avons fait le choix, dans cet ouvrage, de ne pas utiliser l'API, mais un codage simplifié.*

Cependant, l'API reste la notation la plus juste et on pourra s'y référer pp. 15-17.

pp. 15-17

* Alphabet phonétique international.

Introduction

L'enfant n'apprend pas sa langue à l'école, en revanche c'est là qu'il apprend à la maîtriser.

La **maîtrise de la langue** implique le développement de deux sortes de compétences différentes mais complémentaires :
– des **compétences langagières** qui ne peuvent s'exercer que dans le cadre de situations de communication très diversifiées, c'est-à-dire selon D. H. Hymes[1], une connaissance des règles psychologiques, culturelles et sociales qui régissent l'utilisation de la parole en fonction du contexte ;
– des **compétences** d'analyse du fonctionnement de la langue en tant qu'objet. Ce type de compétences a été appelé « **métalinguistique** » à la suite des travaux du linguiste Jakobson.

Jean-Émile Gombert[2], un psycholinguiste qui a travaillé sur le développement métalinguistique chez l'enfant, distingue sous le terme plus général des « compétences langagières » :
– des compétences *métaphonologiques* (distinctions des phonèmes),
– des compétences *métasyntaxiques* (à propos de la grammaire),
– des compétences *métalexicales* (vocabulaire),
– des compétences *métatextuelles* (relatives à la forme du texte),
– des compétences *métadiscursives* (relatives au destinataire).

Toutes ces compétences renvoient à la capacité d'utiliser la langue comme un objet d'étude. C'est cela qu'il faut développer en maternelle, et ce, dès la petite section.

---

1. Dell H. Hymes, *Vers la compétence de communication*, éditions Didier, 1991.
2. Jean-Émile Gombert, *Le Développement métalinguistique*, PUF, 1990.

• Quels sont les objectifs de cet ouvrage ?

Nous nous intéresserons dans cet ouvrage aux deux premières compétences langagières. C'est-à-dire aux dimensions **phonologique** (les sons), **syntaxique** (les connecteurs) et **morphosyntaxique** (temps verbaux, désinence verbales).

L'école doit aider l'enfant à acquérir une forme de langage commune organisée selon des règles pour communiquer, se faire comprendre, mais aussi pour apprendre à lire. En effet, ces compétences langagières sont fondamentales pour la réussite de cet apprentissage à l'école élémentaire.

Les **programmes** mettent en effet en avant l'importance du **langage oral** et du chemin que doit faire l'enfant en maternelle : « Au moment de leur entrée, les tout-petits ne savent produire que de très courtes suites de mots [...]. Lorsqu'ils quittent l'école maternelle, ils peuvent construire des énoncés complexes [...] ils sont prêts à apprendre à lire.[3] »

Cet ouvrage cherche à faciliter l'apprentissage de la langue orale dans la perspective d'aider l'apprentissage de la lecture. Ceci exigera non seulement d'établir des **correspondances** entre les **unités de l'écrit** et celles de l'**oral** mais aussi d'être à l'aise dans un premier mode de communication (l'oral) pour en aborder un nouveau (l'écrit), régi par certaines formes (tournures syntaxiques notamment) spécifiques. Pour lire et écrire, il sera indispensable à l'enfant de comprendre comment se découpent et s'organisent la chaîne parlée et la chaîne écrite.

Mais avant d'en arriver à la lecture et à la correspondance graphie/phonie, il est possible d'aider les enfants à prendre conscience du fonctionnement de la langue et de les amener à la **conscience phonologique** par des **jeux spontanés**, qui aboutiront progressivement à des **activités réflexives** lors de séances d'entraînement systématique. Ces activités ont pour objectif le développement :

- des compétences **auditives** (entendre et reconnaître des sons),
- des compétences **articulatoires** (émettre des sons),
- des compétences **syntaxiques** (mettre en ordre les mots).

Le support de la comptine se prête alors particulièrement bien à ce type de séances.

---

3. Programmes du ministère de l'Éducation nationale, *Qu'apprend-on à l'école maternelle ?*, CNDP/XO Éditions, 2002, p. 63.

• À qui s'adresse cet ouvrage ?

Cet ouvrage s'adresse aux enseignants de maternelle qui souhaitent travailler la langue comme étude d'un **code** et non pas dans sa dimension communicative. Les comptines seront au service d'apprentissages linguistiques selon trois grands axes :
- l'amélioration de la **prononciation** et de l'**articulation**,
- l'appropriation des **réalités sonores** de la langue,
- l'imprégnation de **règles linguistiques** et de **modèles syntaxiques**.

L'enseignant, à travers les séquences proposées, aidera les élèves à réaliser un traitement exclusif de la **dimension phonique** en dissociation avec les autres dimensions sémantique et affective. L'objectif de cet ouvrage n'est donc pas d'analyser les sons ou la construction de la langue, ni de découvrir les relations entre l'oral et l'écrit, mais de donner des pistes d'activités pour en prendre conscience.

Les jeux phoniques aident les élèves à se représenter l'écrit comme un système d'encodage de la partie sonore du langage. Ils induisent l'**écoute**, la **segmentation**, la **manipulation** des petites unités phoniques de la langue. Ils réactivent une compétence que les enfants ont utilisée de façon non consciente quand ils étaient petits, lorsqu'ils ont commencé à parler.

• Comment est constitué cet ouvrage ?

Une première partie pose quelques **jalons théoriques** sur la construction du langage oral chez l'enfant.

La deuxième partie propose une illustration pratique de ces connaissances et des premières **pistes pédagogiques**.

La troisième partie soumet une **proposition de programmation** de comptines issues du patrimoine français ou créées pour l'occasion, dans le but d'aborder au cours de l'année scolaire les principaux sons de la langue française et les tournures syntaxiques incontournables.

La quatrième partie propose **30 activités métalinguistiques** autour de comptines.

La cinquième partie présente un **répertoire de comptines** sur lequel s'appuient les parties précédentes, mais tout autre corpus, à l'initiative de l'enseignant, peut être créé et utilisé.

Enfin, vous trouverez en fin d'ouvrage, sous forme de fiches photocopiables, des grilles vierges pour vous aider à construire de façon personnalisée des programmations et des évaluations autour du travail sur les comptines, ainsi que des images, supports de certaines activités présentées.

• Pourquoi des comptines ?

Les comptines sont présentées par les dictionnaires comme des « formules enfantines chantées ou parlées servant à désigner celui ou celle à qui sera attribué un rôle particulier dans un jeu, comme "am stram gram..." ».

Elles appartiennent à la culture populaire. Transmises par tradition orale, leur origine est le plus souvent anonyme, mais beaucoup d'auteurs classiques se sont exercés à ce genre (Victor Hugo, Lamartine...). Objets de **jeux gratuits**, elles donnent une importance prioritaire à la **forme**. Elles sont construites sur un **rythme** explicite qui permet de compter les syllabes sans contestation et favorise l'importance accordée à la diction ; leur **structure répétitive** est souvent fondée sur des séries (nombres, couleurs, mois, jours de la semaine), leurs **rimes** peuvent être approximatives, et leur contenu souvent fantaisiste n'apporte pas forcément de message explicite.

Parfois plus par habitude que par conviction, parfois dans l'absolue nécessité de donner par tous les moyens possibles d'expression et de communication le goût et la pratique de la langue orale, les enseignants pratiquent des rituels autour de comptines, mais n'ont qu'une idée imprécise de ce qu'elles peuvent apporter (en termes de bénéfice linguistique, relaxant, ludique...).

Pourtant, la comptine offre un support réel pour travailler la langue et aider l'enfant à progresser dans sa construction phonologique et syntaxique. Or, dès le premier âge, la clarté d'un message dépend de la prononciation, du débit, du rythme et de la variété dans l'expression. Avant l'âge de la lecture, c'est par des exercices phonologiques que l'enfant doit **prendre conscience des sons** mais, avant tout, **de l'appareil phonatoire** qui les produit. Une bonne prononciation sera possible si l'enfant connaît les règles qui régissent son système articulatoire – sa langue, ses lèvres, son palais, sa respiration – et si on lui apprend à s'en servir, mais aussi s'il prend conscience que les mots qu'il utilise peuvent être découpés en unités plus petites.

Enfin, le caractère ludique fait entrer le langage dans une sensibilité nouvelle : l'humour, la drôlerie, l'illogisme, la cocasserie des situations, parler pour rire est très productif dans la construction de la syntaxe. La comptine offre en outre une musicalité qui favorise la **mémorisation** et donc les **automatismes**.

Partie 1
Quelques repères

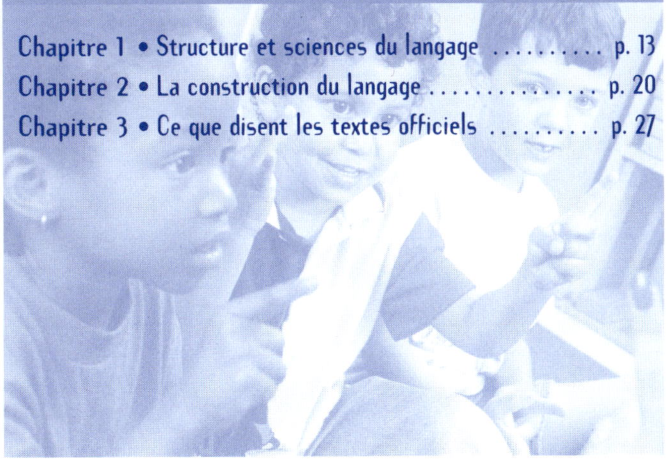

Chapitre 1

Structure et sciences du langage

Pour pouvoir développer la conscience phonologique et syntaxique des enfants, les enseignants doivent posséder des connaissances théoriques de base sur la structure du langage, ainsi que sur les processus d'apprentissage et de construction de la langue orale chez l'enfant.

Si l'on s'intéresse uniquement au versant linguistique, les difficultés langagières de l'enfant relèvent souvent de problèmes liés à une mauvaise articulation, à la pauvreté du vocabulaire employé et aux erreurs de constructions syntaxiques, mal assimilées. Nous ne traiterons pas dans cette partie théorique de l'aspect lexical du langage, même s'il apparaît au cours des activités proposées.

Les sons

• La chaîne parlée

La chaîne parlée est double, et peut être représentée comme une ligne segmentale, figurant les sons, à laquelle s'ajoute une ligne suprasegmentale, où se lisent les intonations, les tons, les accents. Quand on parle de sons, un double aspect est à considérer : l'aspect **acoustique** et l'aspect **articulatoire**.

Pour être bien émis, les sons doivent être bien perçus. L'**intonation**, le **ton**, les **accents** aident à percevoir les sons. La tendance naturelle de l'adulte pour bien faire articuler est de découper le mot en syllabes pour aider l'élève à prendre appui sur ce découpage; encore faut-il savoir découper ! Le maître devra tenir compte de ces informations afin d'émettre des sons purs, mais également afin de réussir à jouer avec sa voix et ainsi à accentuer les sons, aidant par ce moyen l'élève à mieux les entendre et par extension à mieux segmenter les mots.

• La syllabe

La syllabe est une réalité articulatoire, qui ne nécessite qu'une émission de voix. En français, elle est le plus souvent composée d'une consonne et d'une voyelle. Les syllabes associées constituent le mot : la syllabe du début de mot s'appelle **«attaque»**, celle de fin **«rime»**.

• La phonétique

Elle s'occupe essentiellement de l'**émission** des sons, des signifiants de la parole, de l'étude des **caractéristiques physiques (articulatoires) des sons**.

Le tableau phonétique-articulatoire sera présenté plus loin comme point d'appui à une progression phonétique à l'école (→ Partie 2, p. 39).

• La phonologie

La phonologie est la science qui a pour but d'établir le **système des phonèmes** d'une langue (unité minimale de sens), des signifiants de la **langue**.

L'usage courant désigne par sons du langage les éléments irréductibles de la chaîne parlée : les voyelles et les consonnes.
Quand l'air passe librement, les sons produits s'appellent **voyelles**.
Quand l'air rencontre un obstacle, les sons produits s'appellent **consonnes**.

• • Les voyelles se définissent par :
- un degré d'ouverture (aperture) de la **bouche** ;
- la position antérieure (palatale) ou postérieure (vélaire) de la **langue** ;
- la position, arrondie ou non arrondie, des **lèvres** ;
- le passage par la **gorge** (oral) ou le **nez** (nasal).

• • Les consonnes se définissent par :
le **lieu ou point d'articulation**, c'est-à-dire l'endroit où se forme l'obstruction. Suivant celui-ci, la consonne peut être :
- bilabiale ;
- labiodentale ;
- dentale ;
- alvéolaire ;
- palatale ;
- vélaire ;

le **mode d'articulation**, c'est-à-dire l'ensemble des propriétés qui composent l'articulation, à savoir :
- le passage de l'air, oral ou nasal ;
- la vibration ou non des cordes vocales (consonnes sonores ou sourdes) ;
- l'obstruction du passage de l'air (consonnes occlusives ou fricatives).

• • L'**Alphabet phonétique international** est un outil de retranscription qui ne doit pas être confondu avec la « phonétique ». Il est pratique, car il permet de noter les sons de l'oral en éliminant les ambiguïtés. Il répertorie toutes les unités de sons et de sens (phonèmes) de la langue.

L'alphabet phonétique international (API)

Les 36 sons en API	Codage simplifié utilisé dans l'ouvrage	Orthographe que l'on rencontre dans la langue française et que l'on pourra rencontrer dans les comptines	
		Graphèmes	Sous-graphèmes
Les 16 voyelles			
[i]	[i]	i, ï, î	hi (trahir) y (type) î (gîte)
[e]	[é]	er, é, ez	
[ɛ]	[è]	è, ê, ai, ei, et	œ (fœtus) æ (et cætera) aî (maître) eî (reître)
[ɑ]	[a]	a, â, à	en (rouennais) em (évidemment) ao(n) (paonne)
[o]	[o]	eau, au, o, ô	aô (Saône) ho (cahot)
[ɔ]			
[u]	[ou]	ou, où, oû	aou (saoul) aoû (août)
[y]	[u]	u	û (mûr) eu (j'ai eu) hu (cahute)
[ø]	[e]	eu, e	eû (jeûne) œ (œil) ue (cueillir) ai (faisan) on (monsieur)
[œ]			
[ə]			

Les 36 sons en API	Codage simplifié utilisé dans l'ouvrage	Orthographe que l'on rencontre dans la langue française et que l'on pourra rencontrer dans les comptines	
		Graphèmes	Sous-graphèmes
Les 16 voyelles			
[ɛ̃] [œ̃]	[in] [un]	in, ain, ein, un, im	aim (faim) yn (lynx) ym (thym)
[ɑ̃]	[an]	an, en, am, em	aon (paon) aen (Caen)
[ɔ̃]	[on]	on, om	un (punch)
Les 17 consonnes			
[p]	[p]	p	pp (nappe)
[b]	[b]	b	bb (abbé)
[t]	[t]	t, tt	tt (hotte) th (théâtre)
[d]	[d]	d	dd (addition)
[k]	[k]	k, c, qu, q	cc (accroître) cqu (becquée) ck (ticket) ch (chœur, chianti)
[g]	[g]	g, gu	gg (+ cons.) aggraver c (second)
[f]	[f]	f, ph, ff	ff (affaire) ph (phare)
[v]	[v]	v	
[s]	[s]	s, ss, c, ç	sc (science) sth (asthme)
[z]	[z]	z, s	x (deuxième)
[ʃ]	[ch]	ch	sch (schéma)
[ʒ]	[j]	j, g, ge	j (jupe, genou)
[m]	[m]	m	mm (gomme)
[n]	[n]	n, nn	nn (bonne)
[ɲ]	[gn]	gn	ign (oignon)

Les 36 sons en API	Codage simplifié utilisé dans l'ouvrage	Orthographe que l'on rencontre dans la langue française et que l'on pourra rencontrer dans les comptines	
		Graphèmes	Sous-graphèmes
Les 17 consonnes			
[l]	[l]	l	ll (ville)
[ʀ]	[r]	r	rr (guerre) rh (rhume)
Les 3 semi-voyelles			
[j]	[y]	y, ieu, œil, eil ill, ï, y	hi (hier) hy (hyiène)
[w] [wɑ]	[w], [oi]	oui, ouest oi, oin	œ (mœlle) oê (poêle) oî (cloître) oua (ouate)
[ɥ]	[ui]	ui	

D'après Nina Catach, *Que faut-il entendre par système graphique du français ?*, Langue française n° 20, décembre 1973, pp. 39-41.

• • Le phonème

Le phonème est une unité de la chaîne parlée qui a une fonction « différentielle », c'est-à-dire servant à des **distinctions sémantiques** : par exemple « pou » et « chou », [ch] est donc un phonème. Le phonème n'est pas porteur de sens en lui-même.

Lorsqu'on parle de phonème, on ne tient pas compte des particularités phoniques (articulatoires) qui n'entraînent pas de différence de sens, comme le « r » dorsal remplacé par un « r » apical dans certaines régions. D'un point de vue *phonétique*, le « r » dorsal et le « r » apical sont deux consonnes différentes. Elles ne s'articulent pas de la même façon. D'un point de vue *phonologique*, en revanche, on ne peut pas dire qu'il y a deux unités différentes qui permettraient de distinguer deux mots.

Les **oppositions d'articulation**, comme [k] et [g] par exemple, sont *pertinentes* ou *distinctives*, puisqu'elles permettent de distinguer « car » de « gare ».

• • Le graphème

Le graphème est le nombre de **combinaisons de lettres** possibles pouvant représenter un phonème.

D'une manière générale, nous ne sommes pas habitués à analyser les sons du langage. Les représentations du langage sont tellement liées à la représentation écrite que l'orthographe a fini par se superposer à la réalité de l'oral. Or, il est indispensable de disposer d'une analyse correcte du fonctionnement phonologique pour construire de façon précise l'enseignement des régularités de notre système, aussi bien pour lire que pour écrire. En maternelle, cela commence par une prise de conscience des sons.

• La prise de conscience des sons chez l'enfant

On appelle « **conscience phonologique** » la connaissance consciente et explicite que les mots du langage sont formés d'unités plus petites, les syllabes et les phonèmes. Elle vise la capacité à manipuler le langage oral en tant qu'objet d'étude, à *jouer* avec de façon consciente, par exemple à travers la transformation des mots, les jeux de commutation, de permutation, de substitution... La conscience phonologique est aussi la capacité à traduire un son par un graphème.

La « **conscience phonétique** » est une prise de conscience de son propre système *articulatoire*.

La « **conscience phonémique** » ne porte que sur les phonèmes. C'est la capacité à percevoir les phonèmes (sons) à l'oral, l'habileté à *entendre*, à identifier, à conscientiser le son discriminant.

La conscience phonologique est difficile à acquérir car un phonème peut varier d'un mot à l'autre et d'un locuteur à un autre. Par exemple, quand on prononce le mot « aimé », la prononciation de la voyelle initiale est influencée par la consonne [m] qui la suit et la voyelle [é]. C'est pourquoi on entendra souvent un locuteur prononcer « émé ».

Les consonnes sont, elles, touchées par le phénomène de la *coarticulation*. Dans « bac de sable », on entend davantage « bague de sable ». Le [c] de « bac » subit l'influence du [d], plus fort parce que consonne explosive.

Certaines activités peuvent donc être difficiles à réaliser si la relation entre l'**aspect phonétique** et l'**aspect phonémique** du langage n'est pas clairement établie pour l'enseignant.

La syntaxe

D'un point de vue théorique, la syntaxe est l'étude des règles qui président à l'organisation du discours, à la construction des phrases, à l'ordre des mots, dans une langue. L'ensemble de ces règles forme la **grammaire**.

Ainsi, pour connaître une langue, il ne suffira pas de connaître le sens des mots (vocabulaire), il faudra également savoir dans quel ordre on les place et comment on les relie entre eux (syntaxe).

Les trois domaines essentiels de la syntaxe orale sont les **pronoms** (qu'il faudra savoir les différencier), les **temps** (qu'il faudra employer correctement) et les **complexités** (qu'il faudra maîtriser pour accéder à la construction de phrases autres que simples).

2

Chapitre 2

La construction du langage

L'acquisition du langage est un processus lent: il faut attendre environ dix ans pour que l'enfant maîtrise les formes passives, et dix-sept ans pour qu'il parvienne à construire un texte argumentatif élaboré. Les facettes sous lesquelles on peut étudier le langage sont multiples; nous nous attacherons ici à ses dimensions phonétique et syntaxique.

Les sons

Lorsqu'une personne parle, son attention se porte avant tout sur la signification du message, et non sur la façon (sons, mots, phrases) dont celui-ci est transmis. L'objectif est donc de faire prendre conscience à l'enfant de l'existence des phonèmes afin qu'il puisse les isoler, les manipuler et mieux les reproduire.

• L'évolution de l'enfant

Le linguiste Jakobson a proposé une théorie du **développement phonologique** qui est aujourd'hui reconnue part tous: « Selon Jakobson, l'acquisition des phonèmes se fait par oppositions successives des phonèmes, des plus contrastés aux moins contrastés. [...] Le développement phonologique, commencé vers la fin de la première année, se poursuit jusqu'aux environs de six ans, avec une phase rapide se terminant vers deux ans et ensuite une phase lente. Cependant, certaines consonnes constrictives comme [ch], [j], [s] et [z] peuvent ne pas être articulées correctement avant sept ans.[1] »

1. R. Jakobson, dont les travaux sont développés dans l'ouvrage de M. Hurting et J.-A. Rondal, *Introduction à la psychologie de l'enfant*, Mardaga, 1981.

Pour ne retenir que l'essentiel, les consonnes [p], [b], [d], [n] sont maîtrisées à trois ans, [m], [gn] entre trois et quatre ans, [t], [k], [g] entre trois et cinq ans, [f] entre quatre et cinq ans, [s], [l], [r] entre quatre et six ans, et enfin [v], [z], [ch], [j] entre cinq et six ans.

Dès le babillage du deuxième mois, le bébé produit énormément de sons; petit à petit, il ne produira plus que les sons de sa langue maternelle.

Le système phonémique et phonétique des enfants se met en place **entre trois et sept ans**:
– À leur entrée à l'école maternelle, vers trois ans, les élèves possèdent un système assez succinct, mais ils doivent maîtriser les 80 % des oppositions phonologiques à la fin de l'école maternelle.
La maîtrise de certaines oppositions comme [s]/[ch], [k]/[g], [j]/[z] n'est pas exigible à l'entrée au CP, car c'est le contact de l'écrit qui stabilisera ces unités sonores.
– À trois ans, la notion de rime est intuitive, mais elle n'est pas consciemment repérée par les enfants. À cet âge, ils restent encore fortement ancrés dans le sens. Par exemple, lors d'une séance autour de la recherche de rimes, un élève qui s'appelait Tom Lagrotte a trouvé sa rime « Tom Lagrotte de l'ours ».
– Vers quatre ans, la segmentation en syllabes est possible.
– Ce n'est que vers six ans que la conscience phonologique – c'est-à-dire la segmentation en phonèmes – apparaît, grâce à un contact avec l'écrit.

Les phonèmes sont donc difficilement accessibles pour des élèves de maternelle.

Ce qui préoccupe alors la maternelle, ce n'est pas de travailler sur le phonème mais de faire acquérir aux élèves une **prononciation** correcte.

• La prononciation

Une mauvaise prononciation est un handicap sérieux pour l'apprentissage du **code écrit** (lecture, écriture et orthographe). On entend par prononciation le résultat de la conscience phonémique et phonétique: *j'entends, je dis*. Bien que pour les linguistes et grammairiens la prononciation ne soit pas codifiée, elle obéit à des **règles** générales; elle se soumet cependant à de nombreuses **exceptions** provenant de causes diverses (parmi lesquelles les influences spatio-temporelles ou physiques: pour le « lait », à Paris, on dira le « lè »; à Agen, le « lé »).

On retrouve souvent les **mêmes erreurs** chez de nombreux enfants:
– « Chanson » par exemple est souvent prononcé « sanson ». Cette confusion provient de ce que les consonnes [s] et [ch] ont de nombreux traits communs et ne diffèrent que par leur point d'articulation.
– « Train » est souvent prononcé « crain ». Le groupe [tr] est difficile à articuler pour la raison suivante: la consonne [t] est une dentale, elle est produite à l'avant de la bouche par le contact entre la pointe de la langue et l'incisive supérieure, en revanche, la consonne [r] est dite uvulaire, c'est-à-dire qu'elle met en jeu la vibration de la luette. Le groupe [tr] demande une gymnastique compliquée: avant/arrière. Cette articulation arrière est beaucoup plus proche de celle du [k], consonne palatale, dont le point d'articulation se situe vers la partie arrière du palais.
– Il peut arriver que des enfants disent « che » au lieu de « je »: [j] et [ch] ont le même point d'articulation mais [j] est sonore tandis que [ch] est sourde.

On comprend alors la difficulté de différencier l'émission des consonnes qui ne se distinguent que par un seul caractère.

Cependant, un enfant qui articule mal ne se fait pas comprendre. Il se décourage vite et renonce alors à communiquer.

Il est donc primordial que les élèves quittent la petite section, au plus tard la moyenne section, avec une **articulation** compréhensible.

La syntaxe

Si l'on s'intéresse au développement du langage chez l'enfant[2], on apprend que, pour que les séquences phoniques des sons deviennent des mots, le bébé doit entendre des **unités phonologiques** isolables et séparées par des pauses, et ce, de façon régulière: c'est comme cela que le lexique va considérablement s'enrichir.

À dix-huit mois, l'enfant entre dans la **période des deux mots**. Au départ, il combine un mot et une unité sans signification – « papa, dâ » –, ou accompagne le geste à la parole – « pain » en hochant la tête = « je ne veux pas de pain ».

---

2. Cette synthèse est inspirée du chapitre « Le développement du langage », *in* Caroline Golder, Dominique Guy-Brassart et Daniel Gaonac, *Manuel de psychologie pour l'enseignement*, « Profession enseignant », Hachette Éducation, 1995.

Au-delà, l'enfant va développer en parallèle toute une série de **compétences langagières** qu'il faudrait étudier une par une. Nous nous intéresserons ici au versant syntaxique du langage.

Le tableau suivant récapitule l'évolution des catégories grammaticales entre deux et six ans.

Âges (mois)	Catégories grammaticales			
	Articles	Pronoms personnels	Pronoms possessifs	Prépositions et adverbes
24		Moi		Prépositions marquant la possession et le bénéfice (à, de, pour).
30	Indéfinis. Accord en genre avec le nom déterminé. Définis.	Je, tu, toi Il Elle, le, la Vous, me, te	Mon, mien Ton, tien	Adverbes de lieu (dedans, dessus, devant, derrière). Prépositions de lieu (à, dans, sur, sous, près, de, en), avec (exprimant *l'accompagnement)*.
42	Accord en nombre avec le nom déterminé.	Nous, on	Son, sien	
48	Les indéfinis tendent à être employés en lieu et place des définis.	Autres pronoms		Avec (exprimant *l'instrumentalisation)*. Adverbes de temps (aujourd'hui, hier, demain, maintenant, tout de suite, d'abord, tout à l'heure...).
60			Le mien Le tien	Prépositions de temps (avant, après, pendant).
72	Emploi correct des articles.		Le sien Le nôtre Le vôtre Le leur	

M. Hurting et J.-A. Rondal, *Introduction à la psychologie de l'enfant*, Mardaga, 1981.

• Stratégies communicatives

Cependant, le développement du langage repose sur des stratégies variées qui dépendent de caractéristiques individuelles et des progrès cognitifs de chacun. Apprendre à parler, c'est apprendre à produire un discours qui répond à des **finalités communicatives**. Dans son apprentissage du langage, l'enfant mettra en place des stratégies; il prendra en compte l'ordre des mots en fonction de ses besoins, avant de prendre en considérations des marques linguistiques: son langage entretiendra des relations étroites avec son idée du monde.

De même, l'enfant ne construit pas sa syntaxe uniquement par imitation de ce qu'il entend; aussi serait-il illusoire de croire que les comptines seules vont l'aider à acquérir un langage construit. C'est en les pratiquant que l'enfant apprend à faire fonctionner les règles de grammaire.

Il **saisit les régularités** qu'il entend et **les étend à sa langue**, ce qui explique les erreurs du type « vous faisez ».

• Privilégier la syntaxe orale

À la lumière de la synthèse des travaux de Philippe Boisseau dans le chapitre « La construction du langage de l'enfant en maternelle »[3], on s'aperçoit que la syntaxe se construit selon des règles bien précises.

Il faudra veiller à travailler la syntaxe dans une perspective de l'oral, être clair avec les enfants et bien leur faire comprendre la **différence oral/écrit**. Certaines structures sont syntaxiquement incorrectes – « La ferme à Mathurin », par exemple –, d'autres sont réservées au monde écrit – comme l'inversion du sujet dans la forme interrogative. Il faudra se méfier des structures simples. Les structures simples, contrairement à ce qu'on pourrait penser, sont peu usitées par les enfants d'âge maternel; la complexification étant plus prégnante *naturellement*, un enfant dira plus spontanément « Elle ferme la porte pour que il rentre pas » ou « La maison y'a un bonhomme qui s'cache » que « Elle ferme bien sa porte pour que le renard ne rentre pas » et « La maison où le bonhomme se cache ». Apprendre la déclarative simple, l'inversion du sujet dans l'interrogation n'assure aucune efficacité à l'oral.

---

3. Philippe Boisseau, *Enseigner la langue orale en maternelle*, Retz/CRDP de l'académie de Versailles, 2005.

Le **rôle de l'école** est de développer cette construction spontanée de la complexification en donnant des **outils** de pronominalisation ou de présentatifs beaucoup plus fréquents à l'oral.

Cependant, il est bon aussi de faire rencontrer à l'enfant des **formes de syntaxe écrites** dans sa scolarité de maternelle afin qu'ils ne soit pas déstabilisé quand il apprendra à lire des textes. Il suffit simplement d'être clair avec l'élève et de lui dire qu'il n'est pas obligé de parler comme cela : une même chose doit être exprimé différemment à l'oral et à l'écrit. Il pourra alors arriver qu'un enfant dise : « Maîtresse, tu dis "y'a" c'est comme si on disait "il y a". »

• La construction de la complexification

Selon les travaux de Philippe Boisseau, à trois ans l'enfant utilise dans 75 % des cas la forme « Pronom + Groupe verbal » (ex. : *Il monte*), à laquelle vont se greffer des pronoms puis des prépositions, ainsi qu'un système à trois temps (présent, passé composé et futur avec le verbe « aller »). En parallèle, il utilise la tournure « Présentatif + Groupe nominal » qu'il relie à la tournure « Pronom + Groupe nominal » (ex. : *C'est Julien, il monte*). Ce détachement du sujet correspond à 20 % des phrases enfantines.

Au cours du développement syntaxique, l'enfant s'essaiera **très vite** à la **construction complexe**. Un enfant dira spontanément : « La petite souris, elle se cache *parce qu'* ben elle a peur », plutôt que : « La petite souris, elle se cache. Elle a peur. » On voit bien ici l'importance de donner à l'enfant des outils comme la pronominalisation qui l'aideront à complexifier.

Les trois types « Pronom + GV », « Présentatif + GN » puis « GN + Pronom + GV » représentent donc 95 % des formes enfantines. Ces théories nous permettent de savoir que, pour l'enfant, le sujet en tête de phrase est pratiquement toujours un pronom.

• La construction des pronoms

Cette conquête se fait dans cet **ordre** : « il/elle » ; « ils/elles » ; puis « je, tu », et enfin « on », puis « nous ».

• La construction du système des temps

La construction du système des temps s'amorce bien avant que la différenciation des pronoms soit terminée.

Le présent marque 80 % de l'emploi des temps chez l'enfant de trois ans et chute à 50 % chez les GS, au profit d'autres temps comme le passé composé et le futur construit avec le verbe « aller » : *Je vais aller à la piscine* à la place de *J'irai à la piscine* employé à 20 % par les PS et MS, puis l'imparfait et le futur simple chez les MS et GS.

L'émergence progressive de ce système doit être encouragée par l'enseignant. Les comptines favoriseront les constructions de ces temps à l'aide des **points d'appui** que constituent les **adverbes de temps**. Le maître devra compléter ces apprentissages avec des **situations réelles**.

Ces connaissances théoriques nous enseignent que ces constructions s'opèrent naturellement tout au long de la maternelle grâce à l'étayage de l'adulte et à la maturation cognitive de l'enfant, mais aussi à la faveur d'exigences situationnelles.

Or, bien souvent dans les classes, les situations de langage sont enfermées dans des situations de communication qui n'ont rien à voir avec la réalité d'une conversation. Lorsque le maître tente de recentrer ses élèves sur l'aspect lexico-syntaxique d'un dialogue – « Comment pourrait-on dire autrement ? » –, les enfants sont perdus dans des questions qui n'ont pas de sens par rapport au référent de la situation. Les comptines et les activités proposées permettent de centrer la tâche cognitive de l'enfant sur l'**aspect métalinguistique du langage** : « Aujourd'hui nous allons apprendre une comptine qui nous enseigne comment on peut poser des questions. »

Les comptines favoriseront également l'**émergence de tournures** qui les rendront familières à l'oreille de l'enfant.

3

Chapitre 3

Ce que disent les textes officiels

Les réalités sonores du langage

• Identifier les composantes phoniques

Les textes officiels indiquent clairement que les élèves doivent comprendre « comment fonctionne le code alphabétique[4] », c'est-à-dire comprendre l'existence et la nature des relations entre lettres et sons. « Cet objectif doit être au centre de la deuxième année de l'école maternelle [...] comme préalable nécessaire à une entrée explicite dans l'apprentissage de la lecture[5]. » Les **programmes** recommandent de commencer le travail de la conscience phonologique par l'unité syllabique, pour ensuite aborder les rimes, les attaques, et enfin les phonèmes[6]. Les élèves doivent comprendre que le langage est constitué de petites unités qui n'ont pas de sens séparément, mais qui se combinent pour en produire.

Dans la partie « Découverte des réalités sonores du langage[7] » les programmes indiquent les **compétences** exigibles en fin d'école maternelle.

Les élèves doivent être capables de:
- rythmer un texte en scandant les syllabes orales;
- reconnaître une même syllabe dans plusieurs énoncés (en fin, en début et au milieu d'énoncé);
- produire des assonances ou des rimes.

---

4. Programmes du ministère de l'Éducation nationale, *Qu'apprend-on à l'école maternelle ?*, CNDP/XO Éditions, 2002, p. 63.
5. *Ibid.*, p. 78.
6. *Ibid.*, pp. 82-83.
7. *Ibid.*, p. 94.

On remarquera également que les **documents d'accompagnement** des programmes 2006[8] proposent d'amener l'élève à détacher son attention de la signification et de l'attirer vers la réalité phonique du langage en s'appuyant sur les jeux favoris des enfants: ils préconisent de « chanter, jouer avec les organes phonateurs, vivre corporellement comptines et chants[9] ». Ils incitent également les enseignants à procéder de manière progressive, à travailler d'abord sur la **segmentation de syllabe** puis sur la **manipulation**, et de procéder ensuite de la même manière avec le **phonème**.

• Manipuler les éléments langagiers

Le document *Lire au CP*[10] propose un tableau « Analyser et prévenir les difficultés au début du cours préparatoire[11] », dans lequel deux colonnes (« Établir des correspondances entre l'oral et l'écrit » et « Identifier des composantes sonores du langage ») cernent les **priorités** retenues pour l'entrée au cours préparatoire:
- « être sensible à des similitudes entre deux mots à l'oral » *(Fiche B2);*
- « réaliser des manipulations syllabiques » (segmenter, dénombrer, permuter, substituer... *Fiche C1*);
- « manifester une sensibilité phonologique » (produire des rimes ou assonance, détecter des intrus dans une liste de mots... *Fiche C2*).

Ces priorités rendent compte de l'importance de la conscience phonologique à la sortie de la maternelle et sont associées à des **outils d'évaluation** proposés par le ministère de l'Éducation nationale sur son site[12]. Ces outils suggèrent quelques activités pédagogiques que nous reprenons partiellement dans cet ouvrage.

Ils différencient trois **objectifs** fondamentaux et complémentaires:
- « orienter l'enfant vers les réalités sonores de la langue et non plus ses seuls aspects sémantiques »;
- « permettre à l'enfant de catégoriser certaines unités phonologiques, les regrouper, les comparer »;
- « manipuler les unités phonologiques ».

---

8. *Le Langage à l'école maternelle*, CNDP, Documents d'accompagnement des programmes, ministère de l'Éducation nationale, Scéren/CRDP de Paris, 2006.
9. *Ibid.*, p. 96.
10. *Lire au CP*, CNDP, 2003.
11. *Ibid.*, p. 15.
12. http://www.banqoutils.education.gouv.fr: accès aux outils de la banque, niveau: GS/CP, discipline: maîtrise du langage.

Pour cela ils proposent des **activités**. Les références entre parenthèses renvoient aux documents PDF du site Internet :

– « Comparer la longueur de plusieurs énoncés dans la correspondance oral/écrit » (CPABA01 et EGSABA01).

– « Prendre conscience des rimes (EGSABB01) ».

– « Prendre conscience de la structure syllabique des mots » (ECPABC01 et EGSABC01).

– « Retrouver les sons dans un mot » (ECPABD01).

La syntaxe

En ce qui concerne la syntaxe, les programmes officiels sont moins explicites mais font pourtant du langage une priorité, l'**axe majeur** des activités.

« Lorsqu'ils quittent l'école maternelle, [les élèves] peuvent construire des énoncés complexes et les articuler entre eux pour raconter une histoire, décrire un objet, expliquer un phénomène ; ils sont prêts à apprendre à lire. »

Une compétence de fin de cycle évoque la construction de la syntaxe :

« Dans une dictée collective à l'adulte, restaurer la structure syntaxique d'une phrase non grammaticale, proposer une amélioration de la cohésion du texte (pronominalisation, connexion entre deux phrases, restauration de l'homogénéité temporelle...). »

Ainsi, aider l'enfant à différencier et à diversifier ses pronoms, à multiplier ses prépositions, l'encourager à construire le système des temps et à complexifier ses phrases est prioritaire.

Ces différentes connaissances théoriques permettront au maître d'entamer un travail réfléchi, programmé et ludique grâce aux comptines, autour du développement phonologique et syntaxique de l'enfant de trois à six ans.

Partie 2
Mise(s) en œuvre

Chapitre 4

Mise en pratique de ces enseignements

Au niveau des sons

Cet ouvrage propose de travailler sur les **sons**, la prise de conscience du **système articulatoire**, l'**écoute**, la **prononciation**, la découverte implicite des **réalités sonores** de la langue – syllabes, rimes, phonèmes – que nous avons abordées dans la première partie de cet ouvrage, à partir de découvrir des comptines qui jouent avec les possibilités de manipulation de la langue.

Nous n'utiliserons pas l'API (Alphabet phonétique international), pour faciliter la lecture. Les sons seront retranscrits dans leur orthographe la plus simple et la plus fréquente.

Au niveau de la syntaxe

Bien que l'enfant n'apprenne pas la syntaxe par imitation mais qu'il la construise, comme nous l'avons vu précédemment, l'imitation de l'adulte et de tournures « toutes faites » permet avant tout à l'enfant de stocker en mémoire des enchaînements, des énoncés, des groupes de mots sur lesquels il opère ses propres analyses, sa propre reconstruction de notre langue.

Le rôle des comptines va être de compléter ce travail régulier mené par le maître dans le langage quotidien de la classe ou lors d'activités plus ciblées, en proposant des **formes complexes** qui, à travers des situations récurrentes, finiront par être **répétées** par l'enfant, le valorisant et le rassurant ainsi face à la complexité de la langue.

Les comptines fourniront des outils, des **tournures proches des besoins réels oraux** des enfants, telles que :

- des conjonctions suivies de pronoms ;
- des présentatifs ;
- des adverbes comme levier à l'emploi des temps…

Elles proposent également des textes qui substituent à des formes incorrectes les **formes grammaticales correctes**, et qui amènent à manipuler des **types de phrases**.

D'autres encore apportent des structures que les enfants n'emploient pas, qu'ils n'entendent pas dans leur famille ou à l'école car elles appartiennent au langage oral de milieux spécifiques (politique, scientifique…) et au milieu écrit. C'est essentiellement pour cette dernière raison qu'ils doivent les rencontrer à l'oral.

La comptine permet justement de faire rencontrer ces **structures écrites à l'oral**, sans pour autant emprunter un discours soutenu difficilement compréhensible pour les enfants.

Chapitre 5

Pourquoi et comment programmer des comptines

Les comptines sont plus souvent programmées en fonction de paramètres lexicaux en rapport avec le thème ou le projet du moment, que pour leurs valeurs phonologiques ou syntaxiques.

Pourtant, elles offrent un support extrêmement riche pour comprendre comment fonctionne notre langue. Elles fournissent des patrons de base car elles sont composées d'éléments conventionnels liés par des règles peu modifiables.

En se penchant sur les étapes et les difficultés d'apprentissage de la construction phonologique et syntaxique, il est donc possible, et même fructueux, d'utiliser les comptines pour aider ses élèves à apprendre à prononcer et à s'exprimer.
Mais avant de travailler sur l'analyse des sons, il est nécessaire d'apprendre aux élèves à **écouter**.

Cet ouvrage propose donc quelques activités préparatoires, hors comptine, afin d'éveiller les élèves aux sons qui les entourent.
Ensuite, il faudra les sensibiliser à la musicalité de la langue en proposant des comptines à rythme et à rimes qui invitent à **chanter la langue**, et donc à isoler les sons de la langue de manière intuitive.

Pour mieux entendre, par exemple, on peut :
- Accentuer une des syllabes : « **Ma**-rie » ou « Ma-**rie** ».
- Articuler de manière exagérée.
- Faire répéter en accentuant la syllabe : « Marie, Ma**rie** ».
- Inciter à répéter la dernière syllabe après avoir prononcé le mot complet : « Marie-**rie** ».
- Prolonger la rime, la répéter : « Ma-**rrrrrrrriiiiiii, ri, ri** ».

– Prolonger l'attaque lorsqu'elle est fricative ou continue : « **fffff**ille, **mmmmmmmmmmm**aman ».
– Répéter l'attaque lorsqu'elle est plosive : « **b-b-b-ba**teau ».

Distinguer les sons

Comme l'explique Philippe Boisseau[1], il est possible d'accélérer la **construction phonologique** en suivant les connaissances actuelles sur le développement des compétences phonologiques.
Ce sont les voyelles que le tout-petit développe en premier.

• Les voyelles, ou phonèmes vocaliques

« Voyelle » vient de « voix », qui signifie : « qui produit un son ». Ce son provient de notre larynx, il est produit par nos cordes vocales.

Tableau des voyelles

<table>
<tr><td colspan="2" rowspan="2"></td><td colspan="3">Zone de résonance dans la cavité buccale →</td></tr>
<tr><td colspan="2">Voyelles antérieures</td><td>Voyelles postérieures</td></tr>
<tr><td rowspan="3">Voyelles orales</td><td rowspan="4">Degré d'ouverture de la bouche ↓</td><td>Non arrondies</td><td>Arrondies</td><td>Arrondies</td></tr>
<tr><td>i
é
è
a</td><td>u
eu
e
oeu</td><td>ou
au
o
â</td></tr>
<tr><td></td><td></td><td></td></tr>
<tr><td rowspan="2">Voyelles nasales</td><td>in</td><td>un</td><td>on</td></tr>
<tr><td></td><td></td><td></td><td>an</td></tr>
</table>

M. Riegel, J.-C. Pellat, R. Rioul, *Grammaire du français contemporain*, Larousse, 1994.

On travaille d'abord les **distinctions les plus audibles**, les **phonèmes vocaliques les plus éloignés** dans le tableau des sons, c'est-à-dire dans le degré d'ouverture de la bouche, comme par exemple le [a] fondateur des vocalises du tout-petit, le [i] phonème vocalique le plus fermé, puis il s'agira de différencier les sons éloignés dans la zone de résonance comme le [i] et le [ou].

1. *Op. cit.*, p. 233.

Ainsi, le maître construira une programmation en distinguant [i]/[a], [i]/[ou], [a]/[ou], puis en confrontant ces sons élémentaires[2] aux degrés intermédiaires comme [é], [è], [eu], [e], [au], [o], et enfin aux nasales [in], [on], [an].

• Les consonnes, ou phonèmes consonantiques

Il existe deux grandes catégories de consonnes.
Certaines se produisent sans vibrations des cordes vocales: [p], [t], [k], [f], [s], [ch].
On les appelle les **consonnes sourdes**: elles sont des bruits.
D'autres, qui se produisent avec des vibrations des cordes vocales, sont appelées **consonnes sonores**: ce sont des bruits et des sons.

Les consonnes seront travaillées par étapes successives.
Les difficultés résident dans la **proximité des lieux d'articulation** [p]/[b], [t]/[d], [k]/[g], [f]/[v], [s]/[z], [ch]/[j] entre les consonnes sourdes et les consonnes sonores. Il faudra donc travailler la distinction entre sourdes et sonores, à chaque fois dans un ordre identique.
Les enfants ne maîtrisant pas toutes les sourdes, on se servira alors des quatre sons [p/t/m/f] que les enfants maîtrisent dès leurs babillage, comme point d'appui pour travailler les autres sourdes [k]/[n]/[s]/[ch].
Parallèlement, on travaillera les sons d'une même étape séparément: [k], [s], [n] puis [b], [d], [g], [v], [z] puis [ch], [j].

Ce travail sur le **lieu d'articulation** achevé (travail horizontal dans le tableau), on pourra travailler les variations de **mode d'articulation** (travail oblique dans le tableau).

(voir tableau page suivante)

2. Philippe Boisseau rappelle dans son ouvrage que les enfants dont la famille ne pratique que l'arabe ne disposent avec cette langue que de l'articulation des voyelles [i]/[a]/[ou] et qu'ils doivent donc apprendre les autres à l'école.

Tableau des consonnes

Mode d'articulation ↓ Ouverture progressive de la bouche		Lieu d'articulation → D'avant en arrière dans la cavité buccale												
		Bilabiales		Dentales		Labio-dentales		Alvéolaires		Post-alvéolaires		Palatales	Vélaires	
Plosives occlusives		sourdes	sonores	sourdes	sonores							sonores	sourdes	sonores
	Orales	p	b	t	d								k	g
	Nasales	m		n								gn		
Fricatives (que l'on peut faire durer) constrictives	Médianes					bruissantes		sifflantes		chuintantes		sonores		
						sourdes	sonores	sourdes	sonores	sourdes	sonores			
						f	v	s	z	ch	j	y		
	Latérales (liquides)							l						
	Médianes à battements (liquides)												uvulaire	
													r	

M. Riegel, J.-C. Pellat, R. Rioul, *Grammaire méthodolcgique du français*, PUF, 1994.

Le tableau ci-dessous, inspiré des travaux de R. Jakobson et du travail proposé par Philippe Boisseau[3], propose un récapitulatif de la progression à suivre à partir des **quatre sons bien maîtrisés** par les enfants (en gras dans le tableau).

Consonnes d'appui / Étapes d'apprentissage	**[p]**	**[t]**	[m]	[f]	[l]
1	[b]	**[d]**	**[h]**		
2		[k] [g]	[gn]	[s]	
3				[z] [v]	[r]
4				[ch] → [j]	

Pour mener à bien ce travail, le maître s'appuiera sur la **prononciation** des mots contenant ces phonèmes, mais aussi sur les **paires distinctives** qui correspondent aux plus petites variations de sons capables de déclencher une différence de sens, par exemple « poule »/« boule ».

Chaque étape devra être maîtrisée par les élèves avant d'entamer l'étape suivante. Il est donc primordial de respecter la programmation des comptines proposées.

3. *Ibid.*

• Aide à la répartition

Au niveau de la classe et d'une année scolaire, des grilles d'aide à la répartition sont proposées ci-dessous afin de répartir les comptines sur l'année, mais aussi afin de suivre une progression logique d'acquisition, au sein même de la période et selon un échelonnement par semaine.

Répartition des consonnes et voyelles sur l'année en PS/MS

Semaines / Périodes	1	2	3	4	5	6
I	**a**	p, **i**	t, **a/i**	m, **é**	f, **i/é**	
II	t/k, **u**	k, **ou**	m/n, **u/ou**	n	f/s	s
III	s/ch	ch	f/ch	**i/ou**	**i/u**	
IV	p/b	b	t/d	d, **u/eu**	f/v, **eu**	v
V	s/z	z	b/r, **an**	l/r, **un**	r, **on**	y, **an/on**

Répartition des consonnes et des voyelles sur l'année en GS

Semaines / Périodes	1	2	3	4	5	6
I	**a**	p, **i**	t, **a/i**	m, **é**	f, **i/é**	
II	t/k, **u**	k, **ou**	m/n, **u/ou**	n	f/s	s
III	s/ch	ch	f/ch g	**i/ou**	y, **i/u**	
IV	p/b	b	t/d k/g	d, **u/eu**	f/v, **eu**	v
V	s/z, **an**	z, **un**	b/r, **on**	l/r, r, **an/on**	ch/j, **an/un**	j

• Les difficultés articulatoires

Pour aider les enfants à une **aisance articulatoire**, on pourra travailler sur des difficultés générales de l'articulation avec des comptines « virelangues », mais aussi travailler sur des difficultés plus précises souvent sources de troubles de l'articulation. Ces difficultés sont identifiables en pointant dans les tableaux des voyelles et consonnes les sons d'une même colonne (lieu d'articulation) mais de lignes différentes (point d'articulation).

Le maître orientera l'élève en lui faisant **prendre conscience de la position** de sa langue, de ses lèvres.

Exemples de difficultés d'articulation :

• • Les sons nasalisés et la voix nasillarde

Ce problème vient d'un dysfonctionnement du petit clapet (voile du palais) au fond de la gorge qui normalement se baisse pour dire « in, un, on, an, m, n, gn » et se relève pour dire « è, eu, o, a b, d, g (ue) ». Le souffle venu du larynx s'échappe par le nez et l'on dit « mandanme » au lieu de « madame ».

Il y a dans la langue française sept sons nasalisés, quatre voyelles et trois consonnes : « un, in, on, an, m, n, gn ».

Des comptines à « astuces » comprenant par exemple des mots en « che » et « je » avec un « e » muet facilitent la prononciation.

• • Le zozotement

Le zozotement est un défaut de prononciation dû à une mauvaise position de la langue qui vient toucher les dents ou sort un peu lors de l'émission du [s] ou [z].

Des comptines autour des sons [é], [è] et [i] aideront l'élève à mieux placer sa langue.

• • Le chuintement

Le chuintement est un défaut de prononciation qui consiste à substituer [ch] à [s], et [j] à [z] : les sifflantes sont donc prononcées comme des chuintantes.

Souvent, bien qu'en distinguant [ch] et [j] à l'oreille, les enfants n'arrivent pas à émettre deux phonèmes différents. La maîtresse pourra demander à l'enfant de poser ses doigts sur son larynx.

Des comptines avec beaucoup de [i], [é], [è] qui préparent l'écartement des commissures des lèvres, ou comportant des [t] et [d] proches des [s] et [j], aident à une émission correcte du [s] et [z].

• • Le bredouillement

Le bredouillement, plus que le bafouillement, est le résultat d'une précipitation, d'un dysfonctionnement du rythme de la parole.

Des poésies de « rythme », une bonne posture, debout, une voix pas trop aiguë, parviendront à réduire ce problème.

Construire la syntaxe

• La chronologie des apprentissages

En ce qui concerne la programmation de la syntaxe, les objectifs s'enrichiront également selon une progression bien précise.

• • En **petite section**, on favorisera :
- la diversification de tous les pronoms ;
- l'émergence des temps verbaux présent/passé composé/futur ;
- le futur construit avec « aller » ;
- les prépositions en rapport avec l'espace.

• • En **moyenne section** :
- on favorisera l'émergence du système de l'imparfait, en reprenant le système à trois temps des PS mais dans l'imparfait : imparfait/plus-que-parfait/futur, « aller » à l'imparfait ;
- on encouragera l'émergence de « parce que + pronom », « que + infinitif » avec « que + verbe conjugué », « pour + infinitif » et « qui + relatif ».

• • En **grande section** :
- les pronoms travaillés seront surtout « nous » et « vous » ;
- on favorisera l'émergence du conditionnel et du futur simple ;
- on s'exercera à construire le système à trois temps dans le futur : futur/futur antérieur/futur dans le futur ;
- au point de vue de la complexité, on travaillera sur les questions indirectes en « si, ce que, où, qui, quand, comment, pourquoi »...

• Aide à la répartition

Pour la syntaxe également, les grilles de répartition ci-dessous peuvent vous aider à établir la chronologie des apprentissages.

Répartition des tournures syntaxiques en PS

Semaines / Périodes	1	2	3	4	5	6
I	Bonjour/ s'il te plaît	Être/avoir	Je, tu, il	À, au		
II	Comment/ comment... ?	Faites/« faisez »	S'il te plaît/ merci	Adjectif possessif	De, du, dans	
III	Qui... ?		Prenez/ « prendez »	Sur/sous	Quand	
IV		Phrases exclamatives	Futur	Aller/ asseoir	Pour/ avec	
V	C'est moi qui/ C'est toi qui	Présent, passé composé, futur	Venir			Mais

Répartition des tournures syntaxiques en MS

Semaines / Périodes	1	2	3	4	5	6
I	Qui ?	Imparfait	Bonjour/ au revoir	Devant/ derrière		
II	Passé composé	S'il te plaît/ merci	Adjectifs possessifs	Chez		
III	Qu'est-ce que ?	Avec/sans	Plus que/ moins que			
IV	Qui est-ce ?	Pourquoi/ parce que	Exclamations	Imparfait/ passé composé/ plus-que-parfait	Le mien/ la mienne, le tien/ la tienne	À côté de Près de
V	Je/tu	Plus/plutôt	En haut/ en bas		Où, et, donc	Mieux

Répartition des tournures syntaxiques en GS

Semaines / Périodes	1	2	3	4	5	6
I	Ne pas	Nous/ vous	Qui relatif	Or, ni, car		
II	C'est avec que	Puisque				
III	Phrase exclamative	La condition	Entre/ à gauche/ à droite	Que		
IV	Pour qui ?	Ce n'est	Impératif	Futur/ futur antérieur/ conditionnel	Autour de, au milieu de, à l'intérieur de	Pendant que
V	Que + inversion du sujet	Subjonctif	Conditionnel	À travers	Chaque fois que, tandis que	Comme

Structure de la programmation

• Couvrir les besoins et les différencier

Le but de la programmation des comptines est de proposer le plus de comptines possible tout au long de la scolarité maternelle de l'enfant afin de couvrir une gamme importante de **subtilités phoniques** ainsi que les **schémas syntaxiques** incontournables.

L'idéal serait de **travailler en cycle** sur les trois années de maternelle et de répartir entre enseignants et niveaux les comptines, les activités, les sons, et les formes syntaxiques. C'est pourquoi ces grilles offrent à une **équipe** la possibilité de programmer les comptines sur l'ensemble du cycle.

Cependant, pour que cet ouvrage soit utilisable par un enseignant seul dans sa classe, ou pour répondre aux **besoins différenciés des enfants**, tous les sons ou toutes les tournures syntaxiques en adéquation avec la maturité de l'enfant d'une classe d'âge sont proposés. Il est évident que le maître ne pourra pas proposer toutes ces comptines à ses élèves.

Les tableaux 1, 2, 3 et 4 (→ pp. 50-53) proposent une programmation des comptines établie à partir de trois critères :

– Les **connaissances scientifiques**, afin de proposer une progression des apprentissages (activités cognitives, sons et maturité syntaxique) sur un cycle ou une année.
– Les **unités phonologiques et syntaxiques** : les comptines proposées ont été répertoriées pour leur intérêt phonique, comme par exemple leur richesse en paires minimales (opposition de phonèmes voisins et mise en parallèle de mots de sens différents qui ne s'opposent que par un seul phonème, comme « cape » et « tape »).
– Le **lexique** : le paysage lexical ne sera pas le même en fonction des niveaux.

• Précautions à prendre lors des séances

Les séances dont la durée ne doit pas dépasser pas 15 minutes nécessitent la participation active des enfants afin de les motiver. Les exercices seront réalisés **régulièrement**.
Il s'agira donc de s'adonner à ces activités avec le groupe classe 10 minutes par jour en complément d'autres activités phonologiques.

1. Le maître devra rendre **explicites** ses **objectifs linguistiques**.
Les élèves ne peuvent pas comprendre implicitement les objectifs qui se cachent derrière telle ou telle comptine rigolote et doivent apprendre que leur expérience langagière peut être un objet d'analyse. Les objectifs pédagogiques n'appartiennent pas seulement au maître, qui ne doit pas les dissimuler pour rendre l'exercice ludique.

2. Pour apprendre, les élèves doivent être conscients de la tâche cognitive qui leur est demandée. Pour cela, le maître devra penser à inscrire le rituel de la comptine dans l'emploi du temps, ce qui évidemment n'a de sens que si celui-ci est un véritable outil pour les enfants, et à marquer ce rituel d'un signe (ex : faire sonner une clochette, ou s'asseoir sur un petit coussin).

3. La motivation d'un élève ne réside pas seulement dans le jeu. Les élèves aiment le **sentiment d'analyse**, de recherche.
La métacognition fait partie intégrante de la démarche d'apprentissage. C'est pour cela que le maître ne devra pas nécessairement s'attacher à utiliser des comptines à la sémantique ludique. Celle-ci, en effet, à travers l'idée véhiculée ou l'histoire racontée, risquerait d'être omniprésente dans l'esprit des enfants et de faire oublier l'objectif premier qui est le fonctionnement de la langue. Les comptines « qui ne veulent rien dire », les mots « inventés » (ex : « fraditor ») amusent les enfants. L'humour aide à s'amuser des mots de la langue, et donc à s'y intéresser.

4. Le maître ne devra **pas trop varier** les activités. Ce n'est pas en faisant que l'on apprend, mais en sachant ce que l'on fait. Les élèves devront pouvoir retrouver le même type d'exercice afin d'explorer la tache cognitive en profondeur et ainsi pouvoir prendre le contrôle de leur activité. La nouveauté empêcherait d'anticiper des actions.
Les principes pédagogiques de cet ouvrage sont simples. Les activités, peu nombreuses, sont proposées avec une seule comptine mais toujours **transférables** à d'autres, qui sont indiquées. Car, c'est justement quand les exercices proposés par le maître sont prévisibles, que l'élève est sensible aux variations introduites.

5. Le maître commence à «**dire**» et non à «lire» pour attirer l'attention sur l'écoute mais aussi pour que ses élèves le regardent articuler.

6. Il pourra **afficher les comptines**, sans dessin, afin d'éviter une quantité trop importante d'information à traiter mais aussi de consacrer trop d'importance aux aspects sémantiques (le dessin d'une tortue par exemple) au détriment des aspects phonologiques.
Il pourra grossir certaines lettres ou graphèmes reconnus des enfants afin qu'ils prennent un indice textuel et sonore pour choisir une comptine (celle où il y a beaucoup de [I], c'est la comptine du ouistiti). Il faudra s'écarter du support écrit pour travailler l'écoute; en fonction des objectifs du maître, la classe pourra s'en rapprocher ensuite.

7. L'idéal serait de **bander les yeux des élèves** afin d'isoler l'outil de ce travail: leurs oreilles. Cette méthode, encore délicate chez les petits qui ne se sentent pas à l'aise, devient une occasion de «chahutage» chez les plus grands et doit donc être adoptée dès le début d'année afin d'instaurer un rituel pédagogique institutionnalisé, connu et respecté des enfants.

8. Le maître pourra commencer par des **situations collectives** pour que le groupe d'enfants soit concerné **puis** conserver le **jeu en ateliers**.
On peut aussi commencer le jeu avec le grand groupe, puis décider avec les enfants que chacun part en atelier dès qu'il a trouvé. Cela permet de continuer avec les élèves en difficulté.

9. On veillera à **ne pas changer de jeu** (le type d'unité et l'activité) **tant que tous n'y arrivent pas**.

10. Il conviendra de faire attention au **vocabulaire de travail**: les syllabes peuvent être appelées «morceaux de mots» et les consonnes et voyelles «bruits» ou «sons». Le mot «phonème» ne sera jamais évoqué.

Partie 3
Propositions pédagogiques de programmation

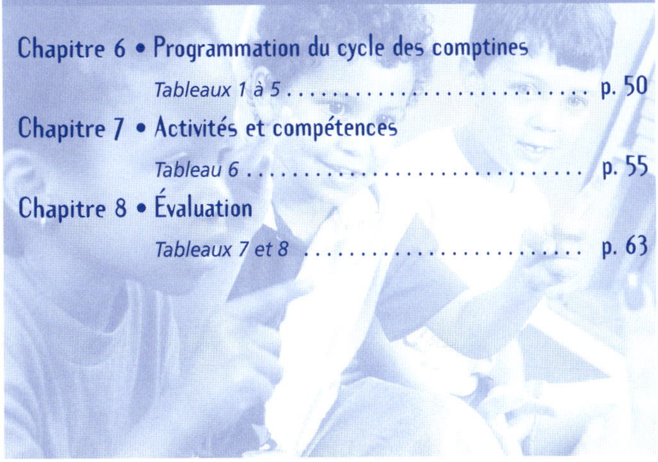

Introduction

Dans le corpus présenté en fin d'ouvrage, les comptines sont nommées et classées selon des objectifs différents liés à l'acquisition du langage oral:
– aux **comptines phonémiques** se rattache le travail de **l'écoute** (→ p. 134);
– les **comptines phonologiques** permettent **le jeu avec les sons et les sens** (→ p. 137);
– les **comptines phonétiques** se prêtent particulièrement à l'entraînement à **l'articulation et la prononciation** (→ p. 143);
– les **comptines syntaxiques** favorisent **l'expression** (→ p. 161).

Les *tableaux 1 à 4* présentés ci-dessous vous indiquent avec quelles comptines vous pouvez travailler chaque élément. Ces **répartitions** laissent apparaître quelques cases vides qui permettront de programmer des comptines de révision, des jeux de langues, des jeux d'écoute, de rythmes, de rimes ou bien des comptines liées à la vie de la classe, des poèmes, des chants. Le maître récapitulera l'ensemble des comptines proposées dans le *tableau 5*.

Le *tableau 6* répertorie **les activités** et couvre les **trois grands objectifs** fixés par les programmes (outils d'évaluation) concernant la conscience phonologique, en suivant une progression:
– Dépasser la signification et orienter vers la prise de conscience des réalités sonore de la langue.
– Catégoriser, segmenter les unités.
– Manipuler les unités.

Les activités ont été conçues sur les principes suivants:
– Indiquer les **opérations intellectuelles** mobilisées (**compétences**).
– Viser les **objectifs** syntaxiques ou linguistiques.
– Utiliser la **méthode pédagogique** habituelle: présentation du nouvel apprentissage, exercice, consolidation et évaluation.

Au sein même de ces trois grands axes, elles suivent une certaine logique même si le maître pourra modifier leur ordre en fonction des besoins de ses élèves. Certaines activités pourront être **reprises** dans l'année ou dans le cycle en variant les objectifs et la complexité, ou être **transférées** à d'autres unités phonologiques.

6

Chapitre 6

Programmation du cycle des comptines

Les chiffres dans les tableaux renvoient aux numérotations des comptines dans le répertoire (→ Partie 5, p. 133).

Tableau 1
«Écouter» *Comptines phonémiques*

Objectifs: Écouter et prendre conscience de son système phonatoire.
Évaluer l'aisance articulatoire des élèves.

À pratiquer toute l'année	PS	MS	GS
Activités préalables	1 Les onomatopées		
Comptines pour évaluer les consonnes	2 [p] [t] [m] [f]	3 [t] [k] [m] [n]	4 [f] [s]/[f]/[ch]
Comptines à rimes vocaliques	5	6	7
Comptines pour évaluer les voyelles	8 [a] [i] [è] [u]	9 [é] [è] [ou]	10 [in] [an] [on] [é] [eu]
Comptines en assonances	11	12	13

Tableau 2
«Jouer avec les sons et le sens» *Comptines phonologiques*

Objectifs: Exercer ses compétences phonologiques.
Exercer son aisance articulatoire.
Rire avec la langue.

Section	PS					MS					GS				
Période	1	2	3	4	5	1	2	3	4	5	1	2	3	4	5
	16	17	18	19 31	21 34	14 16	22	28 29	30 35	34 37	15 16 20	23 24	25 26	27 32	33 36

Tableau 3
«Prononcer et articuler» *Comptines phonétiques*

Objectifs: Dépasser la signification et orienter vers la prise de conscience des réalités sonores environnantes, puis du langage.
Développer la conscience phonique.

Classes				PS					MS					GS				
Période				1	2	3	4	5	1	2	3	4	5	1	2	3	4	5
VOYELLES	phonèmes	orales	a	38					39					40				
			i	41					42					43				
			u		44					45					46			
			ou		47					48					49			
			é	50					51					52				
			eu				53					54					55	
			o			56					57					58		
		nasales	an										59					60
			in										61					62
			on										63					64
	oppositions	orales	a/i	65					66					67				
			u/ou		68					69					70			
			i/ou			71					72					73		
			i/u			74					75					76		
			i/é	77					78					79				
			u/eu				80					81					82	
		na-sales	an/in											83				
			an/on										84		85			
CONSONNES	phonèmes	occlusives	p	86					87					88				
			b				89					90					91	
			t	92					93					94				
			d				95					96					97	
			k		98					99					100			
			g			101					102					103		
			m	104					105					106				
			n		107					108					109			
		fricatives	f	110					111					112				
			v				113					114					115	
			s		116					117					118			
			z					119					120					121
			ch			122					123					124		
			j															125
			l					126					127					128
			r					129					130					131
	oppositions	sourdes et sonores	f/v				132					133					134	
			ch/g													135		
			s/z					136					137					138
			k/g													139		
			p/b				140					141					142	
		des points d'articulation	t/k		143					145					145			
			t/d				146					147					148	
			f/s		149					150					151			
			f/ch			152					153					154		
			j/z															155
			s/ch			156					157					158		
			ch/j															159
			m/n		160					161					162			
			l/r					163					164					165
Sons complé-mentaires			y					166					167					168
			bl/pl kl fl/vl/gl	169														
			kr br/fr/tr	170														

Tableau 4
« S'exprimer » *Comptines syntaxiques*

Objectifs : Favoriser l'expression orale.
Favoriser l'utilisation d'une syntaxe correcte.
Sensibiliser à des tournures de l'écrit.

		Classes	PS					MS					GS				
		Périodes	1	2	3	4	5	1	2	3	4	5	1	2	3	4	5
La phrase	L'interrogation	Comment ? comment… ?		1													
		Qui ?			2			3									
		Qui est-ce ?									4						
		Pour qui ?														5	
		Pourquoi ?… Parce que.									6						
		Que… ? Inversion du sujet															7
		Qu'est-ce que/ Que + inversion du sujet								8							
	L'exclamation	Phrases exclamatives				9					10				11		
	La négation	Ne … pas											12				
		Ce n'est														13	
	L'insistance	C'est moi qui, c'est le…					14										
		C'est toi qui, c'est… qui…								15							
		C'est avec… que…												16			
Temps verbaux	Temps	Conditionnel													17		
		Impératif														18	
		Imparfait						19									
		Passé composé			20				21								
		Futur				22			23								
		Subjonctif														24	25
		Alternance des temps : P. composé, présent, futur					26										
		Alternance des temps : Imp., p. composé, plus-que-parfait									27						
		Alternance des temps : Imparfait, p. composé										28				29	30
	Emploi	Être qui se substitue à avoir	31					32									
		Faire : vous faites/ vous « faisez »		33					34								
		Dire : vous dites/ vous « disez »			35												
		Prendre : Vous « prendez »/ vous prenez			36												
		Aller et asseoir				37					38						
		Venir : Il va « viendre »					39										

		Classes	PS					MS					GS				
		Périodes	1	2	3	4	5	1	2	3	4	5	1	2	3	4	5
Formule de politesse		Bonjour, au revoir	40					41									
Formule de politesse		S'il te plaît/merci/ non merci		42					43								
Les classes de mots	Pronoms	Adjectifs possessifs		44					45								
Les classes de mots	Pronoms	Le mien, la mienne, le tien, la tienne									46						
Les classes de mots	Pronoms	Je, tu, il	47									48					
Les classes de mots	Pronoms	Nous/vous											49				
Les classes de mots	Adverbes	Plus, plutôt										50					
Les classes de mots	Prépositions	À, au,	51														
Les classes de mots	Prépositions	De, du, dans,		52													
Les classes de mots	Prépositions	Sur/sous,			53												
Les classes de mots	Prépositions	Pour Avec				54											
Les classes de mots	Prépositions	Devant/derrière						55									
Les classes de mots	Prépositions	Avant/après							56								
Les classes de mots	Prépositions	Chez							57								
Les classes de mots	Prépositions	Avec/sans								58							
Les classes de mots	Prépositions	À côté de, près de, loin de									59						
Les classes de mots	Prépositions	En haut, en bas										60					
Les classes de mots	Prépositions	Autour de Au milieu de À l'intérieur de														61	
Les classes de mots	Prépositions	À travers															62
Les classes de mots	Prépositions	Entre, à gauche, à droite													63		
La complexité	Conjonctions	Quand			64												
La complexité	Conjonctions	Qui (relatif)											65				
La complexité	Conjonctions	Que										66					
La complexité	Conjonctions	Pendant que														67	
La complexité	Conjonctions	Chaque fois que															68
La complexité	Conjonctions	Tandis que													69		
La complexité	Conjonctions	Puisque												70			
La complexité	Coordination	Mais					71										
La complexité	Coordination	Où, et, donc, or, ni, car										72					
La complexité	Coordination	Ni											73				
Comparaison		Mieux										74					
Comparaison		Plus que/moins que Plus/le plus								75							
Comparaison		Comme															76

Tableau 5
Programmation des comptines

Année scolaire:.................................. Classe:.................................. Enseignant:..................................

Objec-tifs		Développer la conscience phonologique' phonémique et phonétique			Développer la conscience syntaxique			Apprendre à compter		Installer des repères de vie de classe (thèmes, projets, règles de vie)	
Périodes	Semaines	Unités phonologiques travaillées	Numéro de la comptine	Objectifs spécifiques et activité prévue	Unités syntaxiques travaillées	Numéro de la comptine	Objectifs spécifiques et activité prévue	Numéro de la comptine	Objectifs spécifiques	Numéro de la comptine	Objectifs spécifiques
1	1		1 (tableau 1)	Écouter	Bonjour/ s'il te plaît	40, 42					
	2	a, p, i	38 (tableau 3), 86, 41	Prononcer	Être/avoir	31					
	3	t, a/i	92, 65	Prononcer	Je, tu, il	47					
	4	m, é	104, 50	Prononcer	A, au	51					
	5	f, i/é	110, 77	Prononcer							
	6	La syllabe	29 (tableau 2)	Jouer avec la langue							
2	1				Ne/ne pas	12	Mémoriser la formule de la négation				
	2										
	3										
	4										
	5										
	6										

Ce tableau est à prolonger sur les six semaines des cinq périodes. Il existe en grille (→ Annexe, pp. 186-187) afin que le maître puisse établir lui-même une programmation personnelle en fonction de sa réflexion autour des différents thèmes et projets qu'il devra aborder dans l'année.

Chapitre 7

Activités et compétences

Tableau 6
« Les activités »

Les sons

PS	MS	GS	COMPÉTENCES *(Opération intellectuelle et unités phonologiques travaillées)*	JEUX/Activités *OBJECTIFS*	Activités détaillées dans l'ouvrage
Dépasser la signification et orienter vers la prise de conscience des réalités sonores environnantes puis du langage. Développer la conscience phonique.					
Activités préalables					
x	x	x	Sélectionner.	Écouter le bruit d'objets familiers : couteaux, fourchettes, mains frappées, feuilles froissées, respiration, tic-tac de l'horloge, papier déchiré, les reconnaître les yeux fermés. *Développer des capacités d'écoute.*	
x	x	x		Dans une suite de 3 bruits, déterminer le premier, le deuxième, le dernier… *Maîtriser les termes relatifs à la notion de séquence.*	
x			*Le bruit.*	Un élève caché parle, déterminer si c'est un garçon ou une fille. *Développer les capacités discriminatoires.*	
	x	x	Localiser. *Le bruit.*	Assis en cercle, un élève au centre doit montrer du doigt la direction du bruit qu'il entend. *Améliorer la capacité d'écoute.*	
x	x	x	Localiser un bruit parmi des bruits ambiants. *Le bruit.*	Mettre un réveil au tic-tac bruyant, ou un fond sonore très léger dans la classe, attendre que quelqu'un le remarque. *Améliorer la capacité d'écoute.*	
x	x	x	Identifier des bruits. *Le bruit.*	Donner des consignes orales de déplacements bruyants à un élève. Sans le voir, valider la série d'actions à l'écoute. *Développer la mémoire séquentielle des bruits.*	
x	x		Identifier la nature des bruits. *Bruits vocaux.*	Sur le principe d'un loto sonore, associer des images à un bruit. *Écouter des bruits précis et identifier leur nature.*	1 Le « loto sonore »

PS	MS	GS	COMPÉTENCES *(Opération intellectuelle et unités phonologiques travaillées)*	JEUX/Activités *OBJECTIFS*	Activités détaillées dans l'ouvrage
	x	x	Identifier. *Le flux sonore oral.*	Dans une comptine connue, classique, insérer des intrus. *Faire la différence entre ce que l'on s'attend à entendre et ce que l'on entend réellement.*	2 L'intrus
	x	x	Écouter attentivement. *La parole.*	Assis en cercle, murmurer un mot, le répéter à son voisin et ainsi de suite. *Être attentif aux messages quelle que soit la prononciation de l'interlocuteur.*	
			Écouter et segmenter. *La parole et le mot.*	Répéter le dernier mot d'une phrase. Taper des pieds sur les prénoms d'une comptine ou sur un mot récurrent. *Être capable de segmenter la parole en mots.*	
Prendre conscience de son appareil phonatoire					
x	x	x	Répéter une comptine qui ne veut rien dire en prenant soin de bien articuler. *Les logatomes.*	Réciter une comptine dont les mots n'ont aucun sens. *Prendre conscience de son appareil phonatoire.*	3 Bizarre
Le rythme					
x	x	x	Rythmer. *Des phrases.*	Imaginer la scène de la comptine, taper dans ses mains de plus en plus vite. *Apprendre à coordonner expression verbale et expression corporelle.*	
x	x	x	Rythmer. *Le mot.*	Répéter en écho les prénoms. Réciter la comptine avec une voix aiguë, grave, forte, faible. *Se sensibiliser aux rythmes des phrases par la répétition de mots.* *Mettre en évidence le rythme d'une phrase en variant l'intensité d'émission.*	4 Les prénoms
x	x	x	Rythmer implicitement. *Les syllabes.*	Frapper des comptines avec des objets différents, se balancer, sur son corps puis avec un doigt. *Intérioriser le rythme.*	
	x	x	Rythmer. *Les syllabes.*	Dire la dernière syllabe le plus longtemps possible, le voisin enchaîne. Faire la même chose avec la première syllabe. *Approcher la syllabe par le rythme.*	
Les intonations					
			Réciter. *Le ton de la parole.*	Sur le jeu du « Jacques a dit » répéter, sur le même ton que le maître, différentes intonations à partir de comptines. *Se sensibiliser à la musicalité des paroles.*	
	x	x	Réciter. *Le ton de la parole.*	Dire les prénoms de la classe en pleurant riant, appelant, baillant, grondant... *Se sensibiliser à la musicalité des paroles.*	
		x	Réciter et discriminer les intonations. *Le ton de la parole.*	Se préparer à la diction. *Se sensibiliser à la musicalité de la parole.* *Obtenir de la variété dans l'expression.*	5 La basse-cour

PS	MS	GS	COMPÉTENCES *(Opération intellectuelle et unités phonologiques travaillées)*	JEUX/Activités *OBJECTIFS*	Activités détaillées dans l'ouvrage
Conscience syllabique					
			Frapper. *La syllabe.*	Faire l'appel en scandant les syllabes REMI ANOUS en frappant des mains. En motricité, frapper du pied les prénoms de la classe ou une comptine courte, hurler… *Se sensibiliser à la musicalité des paroles. Frapper et dénombrer les syllabes.*	
x	x	x	Frapper. *La syllabe.*	Frapper les syllabes d'une comptine. *Prendre une conscience intuitive de la segmentation des mots.*	
x	x	x	Associer le rythme de son corps à la segmentation en syllabes des mots. *La syllabe.*	Réciter une comptine à la façon d'un automate. *Prendre conscience que les mots sont divisibles en petites parties.* *Accentuer le rythme des syllabes par le mouvement.*	6 L'automate
Les rimes					
x	x	x	Trouver. *Des rimes.*	Créer la comptine des prénoms de la classe avec des rimes. Ex.: en PS: «Tom la pomme, Marie la souris». En MS et GS: «Annabelle mange des mirabelles». *Apprendre à trouver des rimes.*	
	x	x	Associer. *Des rimes.*	Associer les images de la comptine réparties en deux colonnes. *Distinguer la notion de rime des mots de leur représentation. Porter son attention sur la structure sonore d'un mot et prendre conscience que le langage n'a pas seulement du sens mais aussi une forme.*	7 Les cartes
		x	Trouver. *Des rimes.*	Assis en cercle, prononcer un mot, lancer un ballon à un camarade qui doit trouver une rime. *Renforcer la notion de rime. Encoder un modèle auditif, le garder en mémoire pour trouver des rimes.*	8 Le «ballo-rime»
		x	Trouver. *Des rimes.*	Compléter une comptine. Dans une comptine à rimes écrite au tableau avec des trous, retrouver le mot manquant ou sa représentation imagée. *S'appuyer sur un trait phonologique pour trouver une rime. Utiliser le sens des phrases pour deviner des rimes.*	9 Tête de linotte
		x	Trouver. *Des rimes.*	Réaliser un domino de rimes avec les mots d'une comptine. *Apprendre à trier des mots selon leur rime. Permettre aux élèves de faire la démonstration de leur maîtrise de la rime.*	10 Le domino
Catégoriser les unités phonologiques, les regrouper, les comparer					
Les syllabes					
x	x	x	Décomposer un mot en syllabes.	Réciter une comptine dont les syllabes des mots ont été mélangées. Retrouver ses mots. *Prendre conscience que l'ordre des sons est important.*	11 Les syllabes emmêlées
x	x	x	Décomposer et ranger un mot en syllabes.	Réciter une comptine dont les mots ont été découpés. *Prendre conscience que chaque syllabe d'un mot est importante.*	12 Les mots coupés

PS	MS	GS	COMPÉTENCES *(Opération intellectuelle et unités phonologiques travaillées)*	JEUX/Activités *OBJECTIFS*	Activités détaillées dans l'ouvrage
		x	Décomposer les mots en syllabes.	Segmenter un mot en syllabes. Décomposer les mots en syllabes. Frapper seulement les prénoms, sans parler. Frapper une comptine courte, la reconnaître (en proposer trois). Le maître frappe un mot de la comptine, les élèves doivent le retrouver. *Initier les élèves à la segmentation phonémique par la syllabe.*	
		x	Comparer et localiser des syllabes.	Choisir une comptine avec une assonance en MA, proposer TA/VA/FA (proximité phonologique) et demander si on entend cette assonance : si oui, on ouvre les bras, si non, on ferme les bras. *Comparer des syllabes isolées et identifier une syllabe dans un mot.*	
Identifier les sons					
		x	Prendre conscience de l'articulation. *Le son de la voix.*	Articuler un nom silencieusement, l'élève qui le reconnaît prononce à son tour un autre prénom. *Attirer l'attention des enfants sur la prononciation et l'émission des sons.* *Inviter les enfants à prêter attention à la position de leurs lèvres et de leur langue quand ils prononcent un mot.*	13 Le jeu des muets
x	x	x	Identifier. *Le son.*	Découvrir un son. Porter son attention sur la forme que prend sa bouche pour articuler, la prendre en photo. Discriminer des intrus. *Développer la conscience phonémique.* *Faire prendre une conscience intuitive des sons grâce aux comptines en allitérations.*	14 L'appareil photo
	x	x	Reconnaître des phonèmes, les classer.	Regrouper les images de la comptine, les classer dans les maisons des sons. Comptines avec des sons identiques dans les mots. *Renforcer l'idée qu'un phonème peut apparaître dans différents mots.*	
	x	x		Aller chercher les étiquettes images des mots qui ont le même son à la manière d'un jeu de marché. *Comparer et identifier les sons dans différents mots.*	
	x	x	Percevoir des phonèmes qui font partie des mots. *Le phonème.*	Dire un texte qui contient souvent le même son : - en finale, - en initiale, - dans le corps du mot. On lève la main quand le son est entendu. *Approfondir la conscience des phonèmes initiaux, finaux...*	15 Le « pigeon vole » auditif
		x	Repérer. *Les syllabes et les phonèmes.*	Avec des cubes, coder des syllabes en fonction des sons que l'on entend. Développer des habiletés de conscience phonémique. *Prononcer et percevoir des phonèmes selon leur attaque, leur rime.*	16 Les cubes
x	x	x	Distinguer les phonèmes proches. *Le phonème.*	Les oppositions phonologiques. Réciter une comptine contenant des sons proches, porter son attention sur la forme de sa bouche. Se prendre en photo. Discriminer des sons et trouver des intrus phonétiques. *Développer des habiletés de conscience phonémique.*	17 Les sons proches

PS	MS	GS	COMPÉTENCES (*Opération intellectuelle et unités phonologiques travaillées*)	JEUX/Activités *OBJECTIFS*	Activités détaillées dans l'ouvrage
Manipuler les unités phonologiques					
	x	x	Transformer les mots. Supprimer des syllabes. *La syllabe.*	Terminer les mots d'une comptine en enlevant la fin. Supprimer les syllabes une à une jusqu'à ce qu'il ne reste plus rien de la comptine! *Développer des habiletés de manipulation.*	18 La gomme
	x	x	Trouver des règles de transformation des mots: segmenter et supprimer. *La syllabe et le mot.*	Réciter une comptine dont les mots se rétrécissent. *Développer des habiletés de manipulation et de conscience des groupes consonantiques.* Faire la même chose avec les prénoms: quand il reste Ma, ça peut être Marie, Mario, Malik, Mathieu...	19 La machine à laver
	x	x	Trouver des règles de transformations des mots: l'ajout de syllabe. *La syllabe.*	Réciter une comptine connue à laquelle on ajoute une syllabe en fin de vers. *Développe des habiletés de manipulation et de conscience des groupes consonantiques.*	20 Le riz
	x	x	Répéter. *La syllabe.*	Isoler la syllabe de fin, la reprendre en attaque pour former un nouveau mot. *Trouver des règles de transformation: la reprise.*	21 Le marabout
		x	Transformer des syllabes ou mots en modifiant des phonèmes.	Jeux du «qui est-ce»? Faire l'appel en supprimant l'attaque du prénom. *Supprimer un phonème en position d'attaque.* Variable: ajouter un phonème «ette» en position de rime. *Prendre conscience d'une unité plus petite que la syllabe.*	
		x	Savoir trouver des règles de transformations des mots. La suppression d'un phonème en attaque ou en rime.	Initier les enfants à la segmentation phonémique. Réciter une comptine dont les consonnes d'attaque ont été retirées. *Initier à la structure phonologique des groupes consonantiques.*	22 La mini-gomme
	x	x	Manipuler. *Les syllabes.*	Fusionner des syllabes formant un mot monosyllabique. «Chapeau! Le chat est sur son pot!» *Prendre conscience que l'assemblage de syllabes forme des mots.*	23 «Chapoté»
		x	Manipuler. *Les phonèmes.* *Supprimer ou ajouter un phonème en position d'attaque ou de rime.*	Retrouver le véritable sens d'une comptine récitée par un «petit bébé». *Faire prendre conscience que quand on connaît bien un mot, on peut le découper en morceaux plus petits que la syllabe.*	24 Les mots tordus
		x	Ajouter un son à un mot pour créer un nouveau mot. *Le phonème.*	Réciter une comptine dont l'histoire mime la formation de mots. *Initier à la structure phonologique des groupes consonantiques. Apprendre à fusionner un phonème à un mot pour former un mot nouveau.*	25 La rencontre (1)
		x	Fusionner deux *phonèmes* composant un mot monosyllabique.	Réciter une comptine dont l'histoire mime la formation de mots. *Initier à la structure phonologique d'un groupe consonantique.*	26 La rencontre (2)

PS	MS	GS	COMPÉTENCES *(Opération intellectuelle et unités phonologiques travaillées)*	JEUX/Activités *OBJECTIFS*	Activités détaillées dans l'ouvrage
Pour réviser en s'amusant					
x	x	x	Réviser.	Des comptines se prêtent à des travaux de révisions qui permettront de rafraîchir différentes compétences.	
x	x	x		S'auto-évaluer pour prendre conscience de ses progrès d'articulation. *Se connaître et avoir envie d'apprendre.*	27 Activité d'évaluation

La syntaxe

	PS	MS	GS	COMPÉTENCES *(Opération intellectuelle et unités syntaxiques travaillées)*	JEUX/Activités *OBJECTIFS*	Activités
De la phrase au mot	x	x	x	Se positionner pour retranscrire l'ordre des mots d'une phrase. *La phrase.*	Symboliser avec son corps et des pancartes les mots d'une phrase. *Présenter la notion de phrase.* *Faire prendre conscience que la phrase est composée d'une suite de mots.*	28 La phrase
	x	x	x	Mémoriser un mot pour reconstituer le flux sonore de la comptine. *Le mot.*	Réciter une comptine à plusieurs. *Renforcer l'idée qu'un mot existe par lui-même en dehors de tout contexte, et que le sens d'une phrase dépend des mots qui la composent et de l'ordre dans lequel ils apparaissent.*	29 Le furet
Les pronoms et la conjugaison des verbes pronominaux	x	x	x	Retenir une forme syntaxique. *«Être» qui se substitue à «avoir» dans des structures pronominales réfléchies à «je» et «tu».*	Faire acquérir des structures syntaxiques correctes auxquelles sont substituées des constructions mal dominées et qui reviennent souvent. *Réciter une comptine à deux.* *Retenir une forme syntaxique correcte et savoir la décliner à différentes personnes.*	30 Le dialogue

Pourquoi établir une programmation personnalisée ?

La condition majeure de la réussite de la programmation proposée dans cet ouvrage est d'utiliser ces tableaux comme une trame, un repère, une ligne de conduite et non comme un échéancier à respecter. Cette programmation n'aura de sens que si le maître se place dans la zone proximale de développement[1] des enfants auxquels il s'adresse.

Tous les enfants n'auront pas les mêmes phonèmes à perfectionner ni les mêmes besoins syntaxiques. Ils pourront maîtriser l'articulation d'un phonème mais ne pas réussir quelques manipulations (problème cognitif et non phonologique); le maître pourra proposer différentes activités pour pallier ce problème. Pour une pédagogie efficace, le maître devra utiliser ces tableaux en fonction des besoins de chaque enfant.

Même si elles suivent un ordre logique de complexité, les activités ne sont pas programmées pour des raisons simples:
– Chaque compétence (par exemple, distinguer [k] / [g]) devra être travaillée avec des activités différentes mettant en place des tâches cognitives (les opérations intellectuelles comme *distinguer*, *catégoriser*, *comparer*, *décomposer*, *segmenter*, *transformer*...) et des tâches méthodologiques variées (classer, écouter, localiser, trier...).
– Programmer les activités serait réduire les démarches à une période de l'année alors qu'elles doivent être transférables à de multiples comptines et donc répétées à plusieurs reprises dans l'année.
Pour cela, les tâches méthodologiques ou opérations intellectuelles mobilisées seront clairement explicitées dans chacune des fiches.

Les comptines proposées pour chacune des activités ont été choisies arbitrairement, elles ne sont pas immuables, elles servent de support à l'explication de l'activité.

Comment personnaliser ses progressions ?

Trois critères sont à prendre en considération pour établir des progressions.

• • Le premier critère porte sur le son travaillé en fonction de l'âge des enfants et de leur capacité à le discriminer.

1. Voir sur ce sujet les travaux très connus de Vygotski.

• • Le deuxième porte sur le type d'activité (opération intellectuelle), du plus facile au plus difficile:

- répéter (on peut répéter des unités manipulées par le maître);
- repérer;
- segmenter;
- isoler ce qui a été repéré;
- décomposer;
- discriminer des sons proches;
- manipuler les unités isolées (production qui n'est possible qu'en GS quand on a compris l'écrit et le sens de l'écriture);
- trouver seul en production une unité;
- transformer;
- coder la place d'un son.

• • Le troisième critère porte sur la nature des unités, c'est-à-dire les éléments sonores à traiter:

- les éléments (bruits, sons);
- les onomatopées;
- les prénoms et noms;
- les syllabes: l'unité «syllabe» est facile car c'est une unité articulatoire, elle est facilement isolable dans un flux sonore, mais on travaillera d'abord la syllabe à la fin d'un mot, puis à l'initiale, avant d'aborder les autres syllabes de type voyelle/consonne. On commencera par des syllabes très sonores, vocaliques: en [a], [o], [i]...
- les phonèmes: les phonèmes vocaliques sont plus facilement identifiables que les logatomes (mots créés de toutes pièces ou inventés, comme «rapimalatour»);
- les rimes;
- les phonèmes consonantiques.

Chapitre 8

Évaluation

• Évaluer les besoins

Le maître évaluera les besoins des enfants en les observant quelques jours, il pourra suivre la trame du tableau d'évaluation (tableau 8) et noter en évaluation diagnostique les acquis de ses élèves.

À l'occasion d'une prise de parole spontanée de l'enfant, il pourra remarquer qu'il sait demander à aller faire « pipi aux toilettes », que le jeu est « tout à haut », que tel élève « ne pleure pus ». Cet élève maîtrise le [p], le [t] mais pas le [an], ni le [pl]. En PS, si les autres consonnes sont acquises, cet élève pourra travailler les nasales [an] et aborder un travail de MS. Le [pl] sera noté sur la fiche des compétences à travailler en MS. D'où un travail intéressant par cycle.

• Évaluer les progrès

Les enfants pourront prendre une part active à leur progrès et à leur évaluation. Ils dirigeront leurs propres efforts pour cheminer vers le progrès. Leurs efforts et acquisitions seront notés sur le tableau 7, que les enfants rempliront progressivement au gré de leurs compétences. Ce travail est surtout intéressant au niveau des sons.

Cette grille servira pour les trois années de maternelle, l'élève l'emportera dans la classe suivante.

Les colonnes de cette grille pourront être agrémentées de photos, pour une plus grande autonomie dans l'évaluation, des élèves en train de prononcer les différents sons (voir en Annexe, p. 191).

Le maître utilisera une grille plus détaillée (grille 8) dans laquelle il notera des remarques peu signifiantes pour un enfant, mais essentielles pour lui.

Cette grille également pourra être transmise à l'enseignant de MS puis de GS.

Ces grilles comportent toutes les compétences exigibles en fin de maternelle, indépendamment des décisions prises pour une éventuelle répartition sur le cycle, mais elle permettent une progressivité, c'est-à-dire un travail qui tient compte des visées d'apprentissage et qui surtout prend en compte ce que les enfants savent déjà.

Pour ce faire, le maître devra diversifier les approches cognitives pour l'acquisition d'une même compétence, il apprendra beaucoup de son élève et lui fera remarquer sa façon d'apprendre, il définira alors avec lui de nouveaux objectifs à atteindre qui seront identifiés dans le tableau 7 à l'aide de gommettes.

• Quand mener ce type d'évaluation ?

Ce type d'évaluation se mène « sur le vif », au gré des discussions des enfants et des séances de langage improvisées, spontanées ou planifiées tout au long de l'année.

Le maître collera dans un cahier à intercalaires (un intercalaire par enfant) cette fiche d'évaluation et la remplira progressivement.

Tableau 7
Auto-évaluation

Prénoms	Je sais reconnaître des rimes	Je sais frapper les syllabes	Je reproduis un rythme	Je sais prononcer et articuler													Je sais manipuler des syllabes et trouver des mots nouveaux
				[i], [a], [ou]	[p], [t]	[m], [f]	[é], [è], [o]	[k], [s], [n]	[in], [an], [on]	[u], [eu], [e]	[f]/[v]	[s]/[z]	[p]/[b]	[t]/[d]	[s]/[ch] [z]/[j]	
Antoine	○		●	○	●			●								
Thomas	○		●							●						
Maxime			●		○								●			
David	●		●	●			●			○						
Gérald		●	●													
Blanche			●					●								
Charles	●		○													
Ève			●			○	○			○			●			
Raphaël			●													
Claire			●		○			●								
Delphine		○	●							●						
François			●													
Julien			●				○					●				
Nicolas			●													

On placera ici les photos de la bouche de l'élève articulant les sons.

Système de codage de gommettes de couleurs : « J'y arrive bien » ou « J'ai encore besoin de m'entraîner ».

Tableau 8
Observation du maître

Compétences langagières PS/MS/GS	Dates d'observation:					
Prénom:	**Très peu**	**Un peu**	**Souvent**	**En cours de construction**	**Maîtrise fragile**	**Très bonne maîtrise**
Parle spontanément à ses camarades	Le 06/09		Le 15/12	x	x	
Parle à la maîtresse	Le 12/09			x		
Parle à plusieurs camarades	Le 06/09			x		
Parle en petit groupe animé par la maîtresse						
Parle dans le grand groupe	Le 05/05				x	
Prend la parole devant le groupe						
Réagit à une consigne simple			Le 03/10			
Sait raconter une ou deux images d'album						
Raconte des histoires de sa vie personnelle						
Expose ses goûts, ses projets		Le 05/04				
Invente des histoires dans les « coins jeux »						
Utilise des mots dans des discussions autour de thèmes d'évocation						
Nomme des objets qui ont une caractéristique commune ou une même fonction						
Parle autour des objets, formes, fonctions…						
Nomme des actions						
Utilise des verbes ou noms synonymes						
Exprime des sentiments			Le 06/12			
Utilise « Sur, sous, avant, arrière, devant, derrière, à côté de, loin de »						
Utilise « avant », « après », « maintenant » « aujourd'hui », « un jour » à bon escient Utilise « hier », « demain » (même s'il se trompe) A une parole compréhensible						
Mots compréhensibles (omissions, inversions, élisions)						
Joue avec la langue (mots de vocabulaire et sons)						

Degré de maîtrise de la compétence ce jour-là.

Date à laquelle l'enseignant a observé la maîtrise de la compétence.

Compétences langagières PS/MS/GS	Dates d'observation:					
Prénom:	**Très peu**	**Un peu**	**Souvent**	**En cours de construc -tion**	**Maîtrise fragile**	**Très bonne maîtrise**
Raisonne (idées)						
Réponds à une question simple «c'est quoi?»						
Répond aux questions «où, quand, comment, pourquoi?»						
Parle avec des mots phrases ou phrases à deux mots						
Parle avec des phrases élémentaires						x
Parle avec des phrases complexes						
Utilise «qui, que, parce que, je veux que»						
Utilise «il, elle, on»						
Utilise le «je»						
Utilise «nous, vous»			Le 05/03			
Utilise le présent			Le 04/09			
Utilise les 3 temps présent/passé composé/futur			Le 07/09			
Utilise «à, de, sans, sur, sous, pour»			Le 09/10			
Prononce: [i], [a], [ou] [p], [t], [m], [f] [é], [è], [o] [k], [s], [n] [in], [an], [on] [u], [eu], [e] Articule différemment: [f]/[v]; [s]/[z] [p]/[b]; [t]/[d] [s]/[ch]; [z]/[j]		Le 06/03 Le 07/04 Le 09/09				
Identifie les rimes		Le 17/06				
Reproduit des syllabes		Le 21/06	Le 27/06		x	x
Reproduit un rythme de syllabes		Le 05/06				
Frappe les syllabes		Le 04/06				x

Partie 4
30 activités langagières

Activités phonémiques, phonologiques et phonétiques

1

Le « loto sonore »

Objectif :	Écouter des bruits précis et identifier leur nature.
Compétence :	Associer des images à un bruit.
Unité phonologique travaillée :	Les onomatopées.
Niveau :	PS et MS.
Matériel :	Les images d'un train, d'un serpent, d'un enfant avec un doigt sur le bouche, d'un enfant fatigué qui souffle (→ Annexe, p. 193).

Chchchchchch
Pppppppppp
Tttttttttt
Tchoutchoutchou
Sssssssssssssssss
Zou zou zou zou zou zou
Toudou toudou toudou
Pfffffffffffffffffff

On prononcera « ch'ch'ch'ch' », « p'p'p'p'p' », « t't't't't' ».

• Déroulement

• Consigne:

«Nous allons réciter la comptine des bruits et essayer de retrouver l'image qui correspond.»

• Exercice:

Les élèves sont dans le «coin regroupement», la comptine est connue de tous, elle a été répétée plusieurs fois.

Le maître distribue quatre cartes à quatre élèves du groupe classe au hasard ou bien choisit de travailler avec un groupe de quatre élèves seulement.

Les cartes sont identifiées devant la classe entière: «Qu'est-ce que c'est? C'est un train.» «Quel bruit fait le train? Tchoutchoutchou.»

La classe se met d'accord sur une onomatopée commune.

La comptine est récitée, l'élève qui reconnaît le son qui correspond au dessin lève sa carte.

Pour certains sons, il n'y aura aucune image. Le maître fera remarquer que ce son ne correspond à rien, ne veut rien dire. Les élèves prendront conscience que des sons isolés ne sont pas forcément porteurs de sens.

• Variante:

Un élève lève sa carte et les enfants chantent l'onomatopée correspondante.

• Évaluer:

Il est possible d'évaluer un enfant individuellement. Pour cela, le maître disposera les quatre cartes sur la table, dira la comptine dans le désordre, et l'enfant devra pointer la carte correspondant à l'onomatopée.

2

L'intrus

Objectifs :	Identifier les mots dans une comptine. Dans une comptine classique connue, insérer des intrus.
Compétence :	Faire la différence entre ce que l'on s'attend à entendre, et ce que l'on entend réellement.
Unité phonologique travaillée :	Le flux sonore oral.
Niveau :	MS et GS.
Matériel :	Une comptine classique connue des enfants.

Un, deux, trois, nous irons au bois
Quatre, cinq, six, cueillir des cerises
Sept, huit, neuf, dans mon panier neuf
Dix, onze, douze, elles seront toutes rouges.

• Déroulement

• Consigne :

« Je vais vous réciter une comptine que vous connaissez très bien, mais je vais remplacer certains mots par d'autres mots. Vous devrez me dire ce que vous avez entendu de rigolo. »

• Exercice :

Les élèves récitent la comptine afin de se la remémorer.

Le maître récite la comptine avec intrus :
« Un, deux, fois, nous irons au *toit*,
Quatre, cinq, six, cueillir des *bêtises*,
Sept, huit, *bœuf*, dans mon panier *œuf*,
Dix, onze, *bouse*, elles seront *jalouses*. »

Le maître invite les élèves à trouver les mots erronés. Un élève qui retiendrait seulement le mot intrus n'aurait pas encore dépassé la signification.

Le maître doit veiller à ce que les élèves prennent des indices sonores pour se remémorer le mot d'origine.

« Tu as entendu le mot "bêtise" mais sais-tu à la place de quel mot je l'ai utilisé ? »

Le maître répétera la comptine en insistant sur les rimes jusqu'à ce que l'élève trouve le mot d'origine.

• Variante :

Objectif : catégoriser les unités phonologiques.

Unités phonologiques travaillées : la rime et le phonème.

En GS, on pourra travailler sur les mots remplacés et les phonèmes.

« trois »/« fois »

« bois »/« toit »

« cerises »/« bêtises »

« neuf »/« bœuf »

« neuf »/« œuf »

« douze »/« bouse »

« rouges »/« jalouses »

Certains binômes forment des paires distinctives qui permettent d'identifier deux phonèmes : [b]/[t], [n]/[b], [d]/[b] (« bois »/« toit », « neuf »/« bœuf », « douze »/« bouse »).

D'autres paires permettront de travailler la rime (« cerise »/« bêtise ») ou des sons proches (« rouge »/« jalouse »)

On pourra remplacer un mot par un autre mot, un phonème par un autre phonème.

• Évaluer :

On évaluera les élèves de MS et GS sur leur capacité à avoir isolé et retenu un mot intrus et à l'avoir associé au mot d'origine.

Bizarre

Objectif: Prendre conscience de son appareil phonatoire.

Compétence: Répéter une comptine qui ne veut rien dire en prenant soin de bien articuler.

Unité phonologique travaillée: Les logatomes.

Niveau: Toutes sections.

Matériel: Un petit miroir par enfant, ou un grand miroir placé devant un petit groupe d'enfants.

Astic ménic
Et pon pon pon
Batom léjic
Et pon pon pon
Lavoum patic
Et pon pon pon
Derem déric
Et pon pon pon
Pon pon pon pon
Tic tic tic tic.

• Déroulement

• Consigne:

« Nous allons réciter la comptine *Astic Ménic* et apprendre à bien articuler chaque mot. Nous allons commencer doucement puis il faudra aller de plus en plus vite. »

• Exercice:

Les élèves sont dans le « coin regroupement ». Ils vont apprendre à s'échauffer et à travailler l'appareil phonatoire, ce qui les aidera à bien articuler.

Tout d'abord, il faudra donner aux enfants des habitudes de maintien et d'équilibre sans les figer.

Le maître imite la surprise, l'étonnement, le bâillement, l'admiration, la stupeur, l'indignation. Les élèves reproduisent ses mimiques.

Le maître interprète d'abord seul la comptine. Il ne la lit pas, mais la dit. Proche des enfants, il doit veiller à se mettre à leur hauteur afin que ceux-ci observent bien sa bouche.

Il frappe dans ses mains sur les « pon pon pon » et « tic tic tic ».

Les phrases seront rythmées et émises dans un temps donné qui sera le même pour tous. Le maître s'assure que tout le monde suit le même rythme, ce qui facilitera l'articulation.

Il entame la récitation de la comptine, les élèves répètent. Il attire l'attention des élèves sur la bouche du maître en articulant exagérément. On n'exigera pas l'apprentissage par cœur des comptines qui ne veulent rien dire.

Le maître s'arrête sur l'occlusive [p] de « pon pon pon » : il invite ses élèves à poser leur doigt sur leur bouche.

Il fait de même avec « tic tic tic tic » et invite cette fois les élèves à toucher leur langue et leur dent. Il fera remarquer la différence d'articulation entre [p] et [t]. Les élèves regardent dans le miroir, et doivent constater que, pour le [p], leurs lèvres se touchent, et que pour le [t], ils voient leurs dents.

Le maître distribue un miroir à chaque enfant. Les élèves récitent chaque vers en observant leur bouche.

• Évaluer :

Dans le tableau des sons, les élèves posent une gommette verte s'ils prononcent correctement un son.

Cette activité est transférable aux comptines 16, 17, 30, 31, 32, 33, et 34 du tableau 2 des « comptines phonologiques » (→ Partie 3, p. 50).

Les prénoms

Objectifs :	Se sensibiliser aux rythmes des phrases par la répétition de mots. Mettre en évidence le rythme d'une phrase en variant l'intensité d'émission des mots.
Compétences :	Répéter en écho les prénoms. Réciter la comptine d'une voix aiguë, grave, forte, faible.
Unité phonologique travaillée :	Le mot.
Niveau :	Toutes sections.
Matériel :	Un tambourin.
Lieu :	La cour de l'école.

Alistair fête son anniversaire
Annabelle mange des mirabelles
Nicolas mange du chocolat
Grégoire cueille des poires
Annette a des couettes
Victor s'endort
Maxime fait des rimes

Déroulement

• Consigne :

« Nous allons réciter la comptine des prénoms en répétant chaque prénom une fois. »

• Exercice :

1. Les élèves sont dans le « coin regroupement ».

Le maître commence seul et montre l'exemple :
« Alistair fête son anniversaire
Alistair, Alistair fête son anniversaire »

2. Dans la cour de récréation, les élèves sont regroupés en ronde. Ils murmurent, puis crient, les prénoms de la comptine. Le maître imite la voix d'un ours puis celle d'une petite souris pour énoncer les prénoms.

3. Maintenant que les enfants se sont imprégnés de la comptine, le rythme est battu au tambourin :

A-lis-tair-fêt'-son-a-nni-ver-sair'

• • — • • • • • —

La marche doit être associée au rythme.

• Variante :

Il est possible de créer une comptine avec les prénoms des enfants de la classe. Il faudra éviter les verbes *affectifs* forts comme « aimer » qui permettent difficilement de se détacher de la signification. Le « Nicolas » de la classe n'aime pas forcement le chocolat.

• Évaluer :

On fera réciter seul un enfant, on évaluera sa capacité à marquer un temps fort sur les rimes :
« Alist**air** fête son annivers**aire**. »

La basse-cour

Objectif:	Se sensibiliser à la musicalité des paroles et à la diction.
Compétences:	Être capable de varier l'expression. Rythmer et s'appuyer sur les temps forts pour mettre le ton dans l'expression.
Unité phonologique travaillée:	La parole.
Niveau:	GS.
Matériel:	La grille n° 7 (→ Annexe, p. 188) accrochée au tableau, des gommettes vertes et des gommettes roses.

Où sont mes poussins? crie la poule
– Ils ne sont pas sous le platane, crie l'âne.
– Ils ne sont pas dans la rue, crie la tortue.
– Ils ne sont pas sur le pont, crie le dindon.
– Ils ne sont pas dans la mare, crie le canard.
– Ne faites pas tant de bruit, ils sont ici, dans leur nid!
dit la souris.

• Déroulement

• Consigne:

« Nous allons réciter la comptine des animaux de la basse-cour. » Expliquer ce qu'est la basse-cour, montrer un imagier. Avec les plus grands, on pourra dire « avec le ton ».

• Exercice:

Les élèves sont dans le « coin regroupement », rien n'est écrit.

1. Les élèves s'imprègnent de la comptine, la récitent en imitant la poule, la tortue; font varier leur voix, la modulent de façon plus ou moins aiguë en fonction de l'animal.

2. Le maître va faire découvrir au fur et à mesure un schéma clair de l'intonation avec une craie ou un feutre.

Où sont mes poussins ? crie la poule

Voix montante, schéma interrogatif ; émission régulière de voix.

Ils ne sont pas sous le platane,

Voix descendante, schéma négatif.

crie l'âne.

•   •

Deux temps forts.

Les élèves pourront reproduire le schéma sous les phrases de la comptine à l'aide de peinture au doigt ou de gros feutres, puis la coller dans le cahier des comptines. Le maître lira le texte, pointera les signes de ponctuation, qui délimitent les segments de phrases.

• Évaluer :

L'exercice inverse sera réalisé plus tard, quand tout sera bien acquis. Le maître proposera deux schémas au tableau puis récitera deux comptines avec le ton.

Exemple :

Tut, Tut !
La tortue trotte sur le tapis de pétale.
Couac !
Le clown culbute et se casse le cou.
Miam !
Maman émince de la mâche dans la marmite.
Non ! La grenouille a mis son bonnet noir de nuit à nœuds.

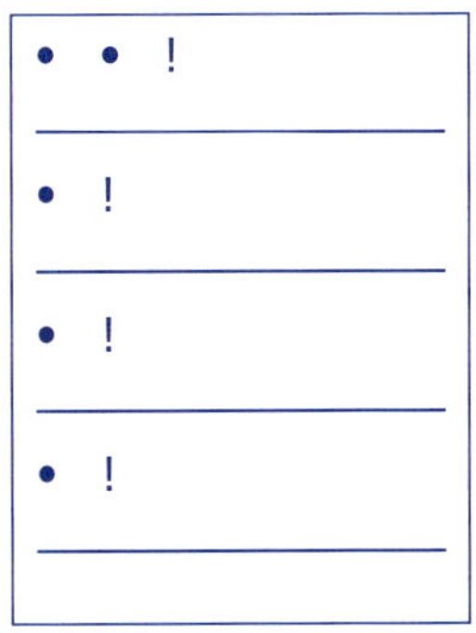

Picoli l'a dit
S'il l'a dit
C'est fini
T'es pris !

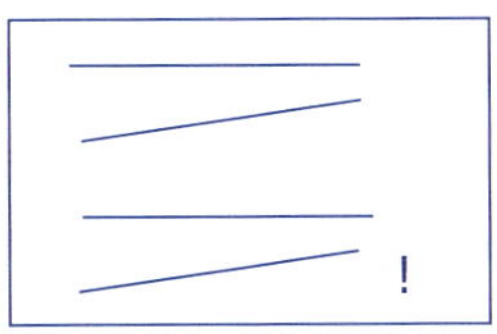

L'élève devra, en justifiant son choix, associer le schéma à la comptine.

6

L'automate

Objectifs:	Prendre conscience que les mots sont divisibles en petites parties. Accentuer le rythme des syllabes par le mouvement.
Compétence:	Associer le rythme de son corps à la segmentation en syllabes des mots.
Unité phonologique travaillée:	La syllabe.
Niveau:	Fin de PS, MS et GS.
Matériel:	Des petites antennes d'automate, et un petit automate entier.

L'automate s'ennuyait: il a décidé d'aller marcher.
Marcher, marcher, marcher, marcher. *(mime)*
L'automate se réchauffait: il a décidé d'aller nager.
Nager, nager, nager, nager. *(mime)*
L'automate se grattait: il a décidé de s'balancer.
Balancer, balancer, balancer, balancer. *(mime)*
L'automate s'impatientait: il a décidé de sauter.
Sauter, sauter, sauter, sauter. *(mime)*

• Déroulement

• Activité préalable:

Le maître fait l'appel du matin en segmentant les prénoms des enfants.

Cette activité est indispensable en PS. Dans les autres classes, il faudra s'assurer de la conscience syllabique de chaque enfant, mais l'on pourra débuter l'activité directement.

• Consigne:

« Ce matin, c'est ce petit automate qui a une drôle de façon de parler qui va vous appeler. »

• Exercice :

1. Les élèves sont dans le « coin regroupement ». Le maître place son petit automate de façon à ce qu'il lise le cahier d'appel.

Il appelle les enfants : « Ré-mi, Lé-a… », en prenant le temps de bien marquer chaque syllabe.

2. Un enfant place les antennes sur sa tête, il regarde les photos des enfants de la classe ou leur étiquettes prénoms et les prononce à la façon de l'automate.

• Activité :
Consigne : « Avec les antennes, nous allons maintenant réciter et mimer la comptine de l'automate. »

• Exercice :
On rappelle la définition de l'automate ; on pourra s'appuyer sur la comparaison avec le robot, pour sa démarche. En séance de motricité, on mimera les pas et les mouvements de bras saccadés de l'automate.

Un enfant place les antennes sur sa tête, il est invité à mimer la comptine.

Il exécute le verbe d'action en respectant le rythme des syllabes :
« Marcher » : deux pas.
« Nager » : deux mouvements de bras.
« Balancer » : faire trois mouvements d'épaule.
« Sauter » : deux sauts.

• Variante :
Le maître peut demander à un enfant de penser à un verbe d'action, de l'énoncer puis de frapper dans ses mains afin de déterminer le nombre de syllabes. Il devra ensuite exécuter le nombre de mouvements qui correspond au nombre de syllabes.
On posera sur un tapis autant de cubes qu'il y a de syllabes.

• Évaluer :
En petit groupe ou individuellement, les élèves miment un verbe d'action ou le frappent dans leurs mains. Il n'est pas important que le mouvement soit très représentatif. C'est donc sur le frappé de mains essentiellement que la notion de syllabe sera évaluée.

Attention, en PS, la coordination verbo-motrice n'est pas forcément en place pour toute la classe. Si les élèves prononcent cependant distinctement les syllabes, la compétence est acquise. Cette activité n'est donc pas trop difficile pour eux.

7

Les cartes

Objectifs :	Distinguer la notion de rime des mots de leur représentation. Porter son attention sur la structure sonore d'un mot et prendre conscience que le langage n'a pas seulement une valeur sémantique mais également formelle.
Compétence :	Associer des images qui représentent des mots qui riment.
Unité phonologique travaillée :	La rime.
Niveau :	MS et GS.
Matériel :	Des images de la comptine : tous les animaux et le mobilier (→ Annexe, p. 194).

Le lapin est dans son bain
La souris est dans son lit
L'écureuil, dans son fauteuil
Le scarabée, sur la cheminée
La chouette sous la couette
La mouette sur les toilettes
L'éléphant sur le divan
Le boa sur le matelas
Le loir est dans l'armoire.

• Déroulement

• Consigne :

« J'ai ici quelques images. Elles vont nous aider à écrire une comptine avec des rimes. »

• Activité préalable :

La notion implicite de rime dans la comptine devra être connue des enfants. On s'assurera que les enfants savent trouver des rimes.

• Exercice :

1. Les élèves sont dans le « coin regroupement ».

Le maître rappelle une comptine simple aux rimes suffisamment marquées.

2. Le maître présente ses images. Afin de lever toute ambiguïté sémantique, on montrera les images des animaux qui pourraient poser problème dans un imagier. Le maître dispose les images d'animaux en colonne sur une partie gauche du tableau, et sur la partie droite du tableau les cartes sont présentées dans le désordre. Il invite à associer les images des mots représentés qui riment.

3. Le maître invite à trouver une petite phrase qui décrirait ce que fait le lapin avec son bain, on acceptera différents verbes (aller, prendre, sauter…).

• Variantes :

• • En MS, on pourra ne proposer que la série gauche des animaux et demander de trouver des rimes. On n'exigera pas de catégorie lexicale commune pour les mots dans un premier temps, c'est-à-dire qu'on ne limitera pas la recherche des enfants uniquement aux animaux, ou uniquement au mobilier… Puis, on pourra demander de ne trouver que des objets qui se trouvent dans une maison et qui rimeraient avec le nom des animaux par exemple.

• • En GS, on pourra ne proposer qu'une série de cartes et demander de trouver les meubles de la maison qui pourraient rimer avec les animaux, ou inversement ne proposer que la série de droite.

Il est aussi possible de continuer la comptine.

• Évaluer :

En petit groupe ou individuellement, les élèves créent des comptines uniques avec des images que le maître aura préparées, sur le même thème ou bien sur d'autres catégories (légumes, ustensiles de cuisine…). On pourra se servir d'un imagier à découper (voir l'exemple d'une comptine créée des par élèves de GS, page suivante).

8

Le « ballorime » (activité créée par des élèves de GS)

Objectif:	Renforcer la notion de rime.
Compétence:	Isoler et retenir un modèle auditif pour trouver des rimes.
Unité phonologique travaillée:	La rime.
Niveau:	GS.
Matériel:	Un ballon.

Potiron, au poêlon!
La scarole, à la casserole!
La tomate, dans la jatte!
Le topinambour, dans le four!
Le p'tit chou, dans l'faitout!

• Déroulement

• Consigne:

« Vous allez former une ronde: celui qui aura le ballon devra donner le nom d'un animal de la comptine, puis lancera le ballon à un camarade qui devra trouver une rime correspondante. »

• Activité préalable:

La notion implicite de rime dans la comptine devra être connue des enfants. On s'assurera que les enfants savent trouver des rimes.

• Exercice:

La comptine travaillée est répétée par tous.

Les élèves forment une ronde dans la salle de motricité. Un élève détient le ballon. Il énonce le mot « chou », lance le ballon à un camarade qui, en recevant le ballon, dira «faitout» ou «poux». Les deux réponses seront acceptées.

On expliquera aux élèves qui refuseraient «poux» que l'objectif du jeu et de trouver une rime en [ou]. L'élève qui a trouvé la rime propose un autre nom de légume et relance le ballon à un autre camarade.

Pour les élèves qui ont compris que la rime prévaut sur le sens, il sera intéressant d'étendre les rimes à d'autres mots, et leur faire chercher d'autres rimes en [in], [i], [euil]...

Pour ceux qui restent sur l'association des mots propres à la comptine, cette activité sera également intéressante car elle permettra de vérifier que les élèves n'associent pas deux images mentales («potiron»/« poêlon») mais isolent des sons.

• Variante:

Avec les élèves en difficulté, on distribuera des images à chaque élève. L'élève annoncera son mot, et lancera le ballon à un camarade. Ce dernier devra trouver une rime puis annoncera le mot de son image, relancera le ballon et ainsi de suite...

• Évaluer:

On évaluera les compétences des enfants sur la rime à l'issue de la séance 10.

9

Tête de linotte

Objectif:	Utiliser le sens des phrases pour deviner les rimes.
Compétence:	Trouver des rimes.
Unité phonologique travaillée:	La rime.
Niveau:	GS.
Matériel:	La mascotte de la classe.

Juliette fonce en trottinette
Gaston vole en avion
Arthur roule en voiture
Léo vogue en bateau
Hugo pédale à vélo
Blanche surfe sur sa planche

• Déroulement

• Consigne:

« La mascotte de la classe a décidé ce matin d'écrire une comptine mais elle n'a pas terminé ; elle ne trouve aucune rime car c'est une tête de linotte: nous allons devoir l'aider. »

• Activité préalable:

La notion de rime aura été travaillée préalablement à partir des prénoms et des noms de famille. On aura également fait l'appel avec les noms de famille plusieurs fois auparavant afin que les enfants ne soient plus gênés.

• Exercice:

1. Les élèves sont dans le « coin regroupement ».

Le maître rappelle la notion de rime et demande aux enfants de trouver des rimes correspondant à leur prénom.

Ex.: « Tom, donne-moi une pomme. » ou « Fleur Cordier, montre-moi ton nez. »

2. Le maître propose la première phrase en exemple (« Juliette fonce en trottinette ») puis les phrases incomplètes qu'avait commencées la mascotte « tête de linotte » : « Gaston vole en … Arthur roule en … », etc. Les élèves doivent trouver les rimes en s'aidant des verbes inducteurs de sens.

• Difficulté que l'on peut rencontrer :

Les élèves cherchent des rimes avec les verbes : « Fonce Alphonse » ou « Vole en Gondole ». Cette attitude prouve la maîtrise de la rime, mais il faudra recentrer en accentuant le ton sur les prénoms.

• Variante :

Pour plus de complexité, on pourra continuer la comptine, ou proposer une structure syntaxique inversée – « En trottinette, Juliette, fonce. » –, ou une structure avec un présentatif : « C'est en avion que vole Gaston… »

• Évaluer :

On évaluera les compétences des enfants sur la rime à l'issue de la séance 10.

10

Le domino

Objectifs: Permettre aux élèves de faire la démonstration de leur maîtrise de la rime.
Trier des mots selon leur rime.

Compétence: Réaliser un domino de rimes avec les mots d'une comptine.

Unité phonologique travaillée: La rime.

Niveau: GS.

Matériel: Du carton-plume ou une cartonnette à plastifier. Les images de la comptine (→ Annexe, p. 197). Les chiffres 1, 2, 3, 4, 5, 6, 7.

Un
Je cuis du pain
Deux
Je le coupe en deux
Trois
Parce qu'il fait bien froid
Quatre
Pour la vielle marâtre
Cinq
Nez d'ornithorynque
Six
Moche comme une saucisse
Sept
Qui sent la chaussette
Et c'est la fin
Point!

• Déroulement

• Consigne:

« Nous allons réaliser un domino avec les images des mots de la comptine. »

On peut demander aux élèves de trouver eux-mêmes le critère d'association.

• Activité préalable :

Les élèves devront connaître le jeu de domino.

• Exercice :

Une partie de la classe est réunie en petit groupe. Les images de la comptine sont réparties sur la table.

La terminologie des images est définie. On donnera la définition de la monâtre, de l'ornithorynque.

Le flocon représente le mot « froid ». Le mot « fin » peut être écrit pour des GS.

Les élèves associent les images représentant des mots qui riment.

Les élèves avec l'aide du maître collent les images sur le carton de façon à ce que la suite du domino suive l'ordre de la comptine.

Le maître collera par exemple tous les chiffres, les élèves devront trouver la suite.

L'autre partie de la classe réalisera un autre domino avec une autre comptine à rimes.

• Évaluer :

Les groupes échangeront leur travail et devront réaliser le domino de l'autre équipe.

• Prolongement :

On pourra inventer une comptine avec syllabes en rimes ou en attaques, qu'il faudra trier et associer.

11

Les syllabes emmêlées

Objectifs:	Prendre conscience que l'ordre des sons est important.
Compétences:	Pour les PS: réciter une comptine. Pour les MS et GS: commuter des syllabes après les avoir segmentées.
Unité phonologique travaillée:	La syllabe.
Niveau:	Toutes sections. La comptine sera coupée en fonction des niveaux.

PS

Sapin lapin
Pinsa, pinla
Radis, tapis
Dira, pita
Sofa, soda
Faso, daso
Bijou, bisou
Joubi, soubi

MS

Litière, lisière
Tièrli, sièrli
Boucher, bouder
Chébou, débou

GS

Majapy, japyma, jamapy pyjama!
Bovalo, valabo, vabola, lavabo!
Llonpipa, pipallon, pillonpa, papillon!

Déroulement

• Consigne:

« Nous allons apprendre une petite comptine rigolote. En la relisant, vous allez essayer de comprendre ce qui est drôle. »

• Exercice:

Le maître dit la comptine une première fois très vite afin de capter l'attention des enfants et de les faire rire. Puis, par le rythme, il marque bien les syllabes.

Le groupe classe frappe ensuite les syllabes de la comptine. Un rythme collectif est instauré.

Les élèves frappent les syllabes, segmentent le mot en tapant dans les mains.

Quelques élèves trouveront très vite qu'il s'agit du mot « à l'envers ». Si ce n'est pas le cas, dans les petites classes par exemple, Le maître isolera un mot et le répétera dans les deux sens: « sa-pin, pin-sa », lentement, en tapant les syllabes. Même si la notion de commutation n'est pas bien perçue, la répétition est assez intuitive et fonctionne généralement bien dès la PS.

En GS, on proposera, dans un deuxième temps, la dernière strophe de la comptine: construite de façon différente, elle permet de faire deviner le mot.

• Variantes:

1. On pourra prendre les syllabes « à l'envers » et demander de retrouver le mot. Il s'agira alors de savoir fusionner des syllabes pour retrouver un mot.

2. En PS, on se limitera à la répétition des syllabes et de la comptine. Quelques élèves très à l'aise, en fin de PS et en MS, formeront peut-être eux-mêmes des « mots nouveaux ». Mais cet objectif qui exige d'isoler les syllabes, puis de les commuter, n'est abordable qu'avec des élèves de GS et quelques élèves en fin de MS.

• Évaluer:

En GS, on donnera les mots à l'endroit à un élève, individuellement, qui devra les commuter.

On évaluera sa capacité à isoler les syllabes et à les manipuler.

On pourra aussi donner des mots à deux ou trois syllabes « à l'envers », en fonction des capacités de chacun, que l'élève devra retrouver dans sa forme correcte, « à l'endroit ».

Les mots coupés

Objectif :	Prendre conscience que chaque syllabe est importante.
Compétences :	Réciter une comptine. En PS et MS : frapper les syllabes. En GS : composer un mot en syllabes incomplètes.
Unité phonologique travaillée :	La syllabe.
Niveau :	Toutes sections.

Py
Pyja
Pyjama
La
Lava
Lavabo
Pa
Papi
Papillon
Ouis
Ouisti
Ouistiti
É
Élé
Éléphant
Ko
Koa
Koala

Déroulement

• Consigne :

« Nous allons apprendre une petite comptine étrange. Vous allez essayer de lui trouver un nom. »

• Exercice :

Le maître dit la comptine une première fois très vite afin de capter l'attention des enfants et de les faire rire. Puis, par le rythme, il marque bien les syllabes.

Le groupe classe frappe ensuite les syllabes de la comptine. Un rythme collectif est instauré.

Quelques élèves trouveront très vite qu'il s'agit du mot qui a été coupé.

Les élèves de PS se contenteront de réciter la comptine. Il faudra veiller à ce qu'ils ne passent bien par toutes les d'étapes : beaucoup sont tentés, en effet, de passer directement de « py » à « pyjama », sans énoncer « pyja ».

On pourra s'amuser à trouver la fin du mot.

L'activité fonctionne à tous les niveaux.

• Variante :

On pourra faire continuer la comptine aux GS. Quand un élève aura trouvé un nom, il sera frappé dans les mains, découpé et énoncé lentement, puis décomposé en deux ou trois parties selon le nombre de syllabes.

• Évaluer :

La difficulté ne consiste pas tant à découper le mot en syllabes qu'à le décomposer en trois parties et à reprendre le mot au début à chaque fois.

• • En GS, on évaluera donc les élèves sur leur capacité à pouvoir reprendre un mot au début et à le composer en deux ou trois parties.

• • En PS et MS, on remplira, dans la grille d'évaluation n° 8, la case « Je frappe des syllabes » et, pour les GS, « Je décompose un mot en syllabes ».

Le jeu des muets

Objectifs :	Attirer l'attention des enfants sur la prononciation et l'émission des sons. Inviter les enfants à prêter attention à la position de leurs lèvres et de leur langue quand ils prononcent un mot.
Compétence :	Savoir articuler distinctement sans produire de son, de manière à reconnaître un mot prononcé en silence.
Unité phonologique travaillée :	Les sons.
Niveau :	GS.
Matériel :	Un miroir par enfant. Une marionnette dans laquelle le maître peut mettre la main pour mimer le mouvement de la bouche.

Comptine des prénoms de la classe

....

• Déroulement

• Consigne :

« Nous allons apprendre à reconnaître les prénoms des enfants de la classe, sans les appeler, mais juste en regardant le mouvement de notre bouche et les formes qu'elle prend. »

• Activité préalable :

Avec la mascotte de la classe, ou une marionnette qui a une bouche que l'on peut articuler, faire l'appel en silence en faisant bouger la bouche de la marionnette.

• Exercice :

Les élèves sont en petit groupe de quatre ou cinq enfants.

Le maître prononce à haute voix les prénoms du groupe d'enfants avec lequel il travaille, ou d'une comptine de prénoms, en exagérant l'articulation, et demande aux élèves de bien regarder sa bouche.

Chacun reprend la comptine et regarde dans sa glace la position des ses lèvres.

La même activité est reprise, le maître seul articule cette fois silencieusement les prénoms, puis invite un élève à « dire sans bruit, sans le son », les prénoms. À voix basse, les élèves reprennent ensemble les prénoms de la comptine.

Le maître annonce ensuite à ses élèves qu'il va choisir un nom au hasard, et qu'ils devront deviner de quel élève il s'agit.

Puis, chacun leur tour, les élèves articuleront sans bruit un prénom au hasard. Un prénom déjà articulé n'aura pas le droit d'être repris.

Le maître aidera les élèves à repérer des indices qui peuvent les aider à trouver la solution : « Quel prénom commence avec la bouche grande ouverte ? Tom, non, Anaïs oui. »

L'élève validera les réponses.

• Variante :

On pourra faciliter ce jeu par le frappé de syllabes.

L'appareil photo

Objectifs :	Développer la conscience phonémique de l'enfant. Faire prendre conscience des sons intuitivement grâce aux comptines comportant des allitérations.
Compétences :	Entendre et émettre un son. Rechercher un phonème.
Unités phonologiques travaillées :	Le phonème, la voyelle, le [i].
Niveau :	Toutes sections.
Matériel :	Un miroir par enfant, un appareil photo, le tableau d'évaluation des sons (→ Partie 3, p. 65).

Picoli l'a dit
S'il l'a dit
C'est fini
T'es pris !

• Déroulement

• Activité préalable

Objectif : faire prendre conscience que les phonèmes font partie des mots.

• Exercice :

Le maître fait deviner aux enfants un prénom de la classe. On commencera par un phonème : « Je pense à *Sa*… »

« Sarah, Sacha ! » répondront les enfants.

Ensuite, on enlèvera un phonème afin qu'il ne reste plus qu'un son : « Je pense à *Ssss*… Sarah ! Sacha ! Sophie ! » Si le son est présent dans plusieurs prénoms, on cherchera ensemble les différentes possibilités afin de se rendre compte qu'un même son peut apparaître dans différents prénoms.

Les sons qui ne peuvent s'étirer – comme [d], [t] – seront répétés. On recommencera l'activité avec un prénom qui commence par le son étudié dans l'activité suivante : « Je pense à *lllll…* »

• Activité :
Consigne : « Vous allez essayer de trouver le son que l'on entend souvent dans cette petite comptine. »

• Exercice :
1. Les élèves touchent leurs oreilles, ils doivent écouter. Ils peuvent s'ils le souhaitent fermer les yeux.

2. Le maître demande aux enfants de regarder sa bouche. Les élèves miment des lunettes en encerclant leurs yeux avec leurs doigts, pour être concentrés sur l'articulation du maître.

3. Les élèves disent à leur tour cette petite comptine, pendant que le maître place leur main sous leur menton de façon à sentir avec leur pouce le côté gauche de leur mâchoire et avec les quatre doigts le côté droit.

4. Les élèves articulent cette comptine en insistant sur le son [i]. Les élèves regardent la position de leur bouche dans un miroir.

5. Le maître avec un appareil photo prend un élève en train d'articuler le son [i]. Le cliché sera disposé dans le tableau d'évaluation des sons : « Je sais articuler le [i] » (→ la séance n° 27, p. 124).

• Variantes :
En fin de PS : effectuer un tri entre les mots de la comptine qui contiennent ou non le son étudié.
On ne pourra pas exiger de tous les enfants la capacité de distinguer dans le mot la syllabe « li » et le son [i]. On acceptera donc les réponses comme « ça fini comme… ».
En PS, on travaillera essentiellement sur la rime ; le travail sur l'attaque étant davantage abordable en MS et GS.
En MS et en GS : effectuer un tri entre les mots qui contiennent le son étudié en attaque ou en rime dans la comptine.
Cette séance viendra en prolongement de la séance 15 où l'on utilise des cubes.
On pourra mettre des pièges avec des sons proches comme, par exemple, [p]/[b] ou [t]/[k] sans s'appesantir, car cet objectif fera l'objet de la séance 17.

• Prolongement :

On pourra proposer de créer une sorte d'imagier des photos d'articulation des sons. Il sera feuilleté par l'ensemble de la classe en « coin regroupement ». Les élèves devront reproduire la photo et trouver le son correspondant. Un cache abritera les solutions.

On pourra consulter quelques sons photographiés en fin d'ouvrage (→ Annexe, pp. 191-192).

Voici un exemple de l'imagier proposé :

• Évaluer :

Les élèves poseront une gommette dans le tableau si la comptine est bien prononcée.

Les sons difficiles comme « tr », « kr »... ne seront pas exigés.

• Remarque :

Cette activité est transférable aux comptines 38 à 64 et 86 à 131 du tableau 3 des « comptines phonétiques ».

Les cubes

Objectif :	Développer des habiletés de conscience phonémique.
Compétence :	Prononcer et percevoir des phonèmes selon leur attaque, leur rime…
Unités phonologiques travaillées :	Le phonème, le son [on].
Niveau :	Fin de GS.
Matériel :	Un miroir, des cubes d'une seule couleur, des gommettes.

● Déroulement

• Activités préalables :

Cette tache complexe nécessitera sûrement de nombreuses séances dans la semaine. Les enfants devront déjà être familiarisés avec la manipulation de syllabes et avoir pratiqué une des activités 18 à 23.

Avant de débuter cette activité, les mots de la comptine seront explicités puis frappés en syllabes. La comptine entière sera ensuite bien articulée devant le miroir.

Les élèves devront avoir déjà manipulé les cubes comme codage des syllabes.

La règle du jeu est expliquée de nouveau, et les enfants auront déjà été familiarisés avec ce matériel. Des cubes auront été proposés afin de coder le nombre de syllabes de mots.

« Ca-mion » : deux cubes. « Ko-a-la », trois cubes…

• Consigne :

« Nous allons refaire le jeu des cubes, mais cette fois certains cubes seront spéciaux car une gommette sera collée dessus. On placera un cube avec une gommette quand on entendra le son [on] dans la syllabe. Si l'on n'entend pas le son [on], on laissera un cube sans gommette pour représenter la syllabe. »

• Exercice :

1. On illustrera la consigne par un exemple pour s'assurer qu'elle est bien comprise : le maître donnera quelques mots au hasard puis quelques mots qui appartiennent à la comptine.

Sous son ombrelle, Manon mange un melon.
Mmmm ! que c'est bon.
Gaston, le roi du ballon rond
lance un boulet de canon
dans l'ombrelle de Manon.
Ça c'est le pompon.

Dans un premier temps, les enfants coderont quelques mots monosyllabiques puis bisyllabiques.

On rappellera le son sur lequel il faut travailler [on] plusieurs fois dans la séance.

Ex. : « Lit » (un cube sans gommette), « thon » (un cube avec gommette), « mouton » (deux cubes, le second avec une gommette).

On fera traiter collectivement plusieurs exemples en demandant systématiquement aux élèves de rappeler le son que l'on doit localiser et de répéter le mot énoncé (la répétition aide à la localisation).

2. La comptine est récitée. Les élèves arrêtent le maître quand il entendent un mot avec le son étudié.

Le mot est frappé et le nombre de syllabes est déterminé. Il faudra par exemple deux cubes pour le mot « me-lon » dont un avec une gommette.

Les cubes seront disposés face aux élèves, de façon à ce qu'ils soient familiarisés avec le sens conventionnel de l'écriture. On justifiera en expliquant que l'on écrit toujours un mot de gauche à droite.

Le maître demandera de trouver si c'est dans la première syllabe ou dans la seconde que l'on entend le son [on], c'est-à-dire la première fois que l'on frappe ou la seconde fois.

La notion de position pouvant encore être délicate pour certains élèves (ils ne l'acquerront que parallèlement à l'apprentissage de la lecture), on pourra les aider en frappant soi-même le mot et en leur demandant de lever le doigt quand ils entendent le son.

Le maître fera conclure l'élève : « Il me faut donc deux cubes, un avec une gommette et un sans. » Il demandera à un élève d'aller piocher les cubes correspondants.

Les cubes sont placés sous le tableau, sur une réglette ou une petite table, de façon à être placés en face de tous les élèves.

L'élève répète le mot en montrant du doigt les deux cubes posés.

ME – LON

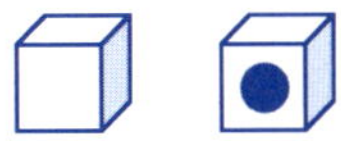

• Évaluer :

On pourra évaluer les enfants avec des petites gommettes de forme carrée qui représentent les cubes. Le maître aura pris soin de dessiner de gros points sur certaines. Ils devront poser ces gommettes sous une dizaine de dessins.

BALLON	MELON	OMBRELLE	POMPON

Le « pigeon vole » auditif

Objectifs :	Développer des habiletés de conscience phonémique. Approfondir la conscience des phonèmes initiaux, finaux.
Compétence :	Prononcer et percevoir des phonèmes.
Unité phonologique travaillée :	Le son.
Niveau :	Toutes sections.
Matériel :	Un miroir.

Le fou est tout fou-fou
Le fou parle aux cailloux
Le fou chante à genoux
Le fou guette le loup
Et quand il fait le fou
Il tient le garde-fou
S'il rit d'un rire fou
C'est qu'il a le fou rire.

• Déroulement

• Prérequis :

Avant de débuter cette activité, il faut s'assurer que les tous les enfants ont pris conscience de l'existence des syllabes, et sont capables de créer des rimes, préalables essentiels à la conscience phonémique.

• Consigne :

« Quand je récite la comptine du fou, vous allez lever le doigt quand vous entendrez le son [ou]. »

• Exercice :

1. Il est plus facile de percevoir un son quand on le prononce soi-même, il faut donc sans cesse porter l'attention des enfants sur la façon dont se positionnent leur bouche et celle du maître quand ils prononcent et entendent le son [ou].

Les élèves récitent la comptine avec le maître en accentuant les sons [ou], les élèves regardent leur bouche dans les miroirs.

2. Le maître récite lentement la comptine, les élèves lèvent le doigt quand ils entendent le son [ou].

Il ne s'agit pas de localiser le son dans les syllabes mais simplement de prêter attention à un phonème dans un flux sonore.

• Variante:

On pourra faciliter ce jeu par le frappé de syllabes.

Ce jeu s'applique à tous les phonèmes. Il pourra s'étendre à l'apprentissage du tri des mots selon leur rime ou leur attaque (voir la séance suivante).

• Évaluer:

Il faudra s'assurer de la bonne prononciation du son étudié sans laquelle la localisation est impossible.

On fera passer individuellement les enfants qui poseront une gommette sur le tableau dans la case «Je prononce et je retrouve un son dans une comptine».

En début de PS, on ne retiendra que la prononciation.

17

Les sons proches

Objectif:	Développer des habiletés de conscience phonémique.
Compétence:	Prononcer et percevoir des phonèmes proches.
Unités phonologiques travaillées:	Les sons d'articulation proche: [f]/[v]
Niveau:	Toutes sections.
Matériel:	Un miroir, un appareil photo.

Un petit fil vole sur la ville folle.
Les petits vers sont aussi minces qu'un fil de fer.
On peut y voir la ville en foire
et des vaches qui se fâchent.

• Déroulement

• Consigne:

« Nous allons apprendre deux sons aujourd'hui. Ils se ressemblent beaucoup car la bouche prend pratiquement la même forme pour faire le son. »

• Exercice:

1. Les élèves touchent leurs oreilles, ils doivent écouter. Ils peuvent fermer les yeux s'ils le souhaitent.

2. Le maître demande aux enfants de regarder sa bouche. Les élèves miment des lunettes en encerclant leurs yeux avec leurs doigts, pour être concentrés sur l'articulation du maître.

3. Les élèves disent à leur tour cette petite comptine, pendant que le maître place leur main sous leur menton de façon à sentir avec leur pouce le côté gauche de leur mâchoire et avec les quatre doigts le côté droit.

4. Les élèves articulent cette comptine en insistant sur les sons. Les élèves regardent la position de leur bouche dans un miroir.

5. Les paires distinctives (« ville »/« fil ») sont prononcées de bouche en bouche. Le maître lance le mot « ville » qui devra être dit très rapidement par tous les élèves, puis le mot « fil » puis les deux ensemble, et ce, de plus en plus vite.

6. Le maître prend en photo un élève en train d'articuler le son [f] puis [v] (→ Annexe, p. 191). Le cliché sera disposé dans le tableau d'évaluation des sons : « Je sais articuler le [f]/[v] » (→ séance n° 27, p. 124).

• Prolongement :

On pourra effectuer des tris des mots de la comptine pour savoir discriminer des sons proches.

Les mots seront dessinés sur des cartes (ils auront été nommés auparavant pour lever toute ambiguïté sémantique), et les cartes seront triées de part et d'autre du tableau ou dans des boîtes.

Pour un peu plus de complexité, on pourra proposer des mots qui n'appartiennent pas à la comptine mais qui contiennent le son étudié, afin de vérifier que les élèves traitent bien la dimension sonore du langage.

• Remarque :

Cette activité est transférable aux comptines 65 à 82 et 132 à 165 du tableau 3 des « comptines phonétiques ».

Pour travailler les différenciations des phonèmes proches, on travaillera d'abord sur les fricatives [f]/[v] qui peuvent durer et qui sont donc plus faciles à percevoir.

• Évaluer :

Les élèves poseront une gommette verte dans la colonne [f]/[v] du tableau 7 s'ils distinguent et prononcent correctement les sons.

18

La gomme

Objectif :	Développer des habiletés de manipulation.
Compétences :	Trouver des règles de transformations des mots : le retrait de syllabe. Terminer les mots d'une comptine en enlevant la fin.
Unité phonologique travaillée :	La syllabe.
Niveau :	MS et GS.

MS

Pyjama
Pyja
Py
Lavabo
Lava
La

GS

Ouistiti
Ouisti
Ouis
Papillon
Papi
Pa
Éléphant
Élé
É

• Déroulement

• Consigne :

« Nous allons apprendre une comptine magique. Les mots s'effacent quand on les prononce. »

• Exercice :

1. Les élèves écoutent le maître réciter. Le maître insiste sur les syllabes.

Le groupe classe reprend les mots et frappe les syllabes.

Le maître demande en quoi la comptine est magique. Quelques élèves trouveront spontanément la règle du jeu qui consiste en l'effacement des syllabes.

2. Le maître demande donc à un élève de retrouver lui-même la comptine.

• Variante :

On pourra étendre cette activité à une situation de production en GS. On demandera, dans un premier temps, de faire trouver des mots à trois syllabes (on validera par un frappé de mains) ; il faudra ensuite les décliner en deux puis une syllabe.

Cette séance servira d'évaluation.

19

La machine à laver

Objectif:	Développer des habiletés de manipulation et de conscience des groupes consonantiques.
Compétences:	Trouver des règles de transformations des mots: la suppression de syllabes. Terminer les mots d'une comptine en modifiant la dernière syllabe.
Unité phonologique travaillée:	La syllabe.
Niveau:	MS et GS.

Sur mon bateau
Sur mon balai
Sur mon camion
Sur mon cahier
Sur mon sapin
Sur mon sachet
Sur mon lapin
Sur mon lama

• Déroulement

• Consigne:

« Nous allons apprendre une comptine magique dont les mots passent à la machine à laver folle. Les mots ressortent différemment. »

• Exercice:

1. Le maître explique le fonctionnement de la machine à laver les mots. Quand un mot entre dans la machine, il veut se laver mais il ressort rétréci. Les élèves écoutent le maître réciter la comptine. Le maître insiste sur les syllabes d'attaque afin que les enfants identifient un même groupe consonantique. Le groupe classe reprend les mots et frappent les syllabes.

2. Le maître demande à un élève de retrouver lui-même la comptine.

• Variante :

On pourra rendre plus difficile l'identification du changement en regroupant les mots initiaux puis les vers des mots transformés.
« Sur mon bateau
Sur mon camion
Sur mon sapin
Sur mon lapin »

La comptine passe à la machine et ressort ainsi :
« Sur mon ba**lai**
Sur mon ca**hier**
Sur mon sa**chet**
Sur mon la**ma** »

On cherchera avec les enfants ce qui s'est passé.

On pourra également faire l'inverse, c'est-à-dire changer l'attaque :
« Sur mon **gâ**teau
Sur mon **ba**teau… »

• Évaluer :

On évaluera en situation de production. Le maître proposera un mot, il sera frappé en syllabe, la syllabe d'attaque ou de rime conservée, il faudra alors trouver d'autres mots dont l'attaque ou la rime est différente et les composer en comptine.

Ex. : « Sur mon radeau, je fais le beau.
Avec mon râteau… »

Le riz

Objectif: Développer des habiletés de manipulation des syllabes et des sons.

Compétences: Trouver des règles de transformation des mots: ajouter une syllabe.

Unités phonologiques travaillées: La syllabe et le mot.

Niveau: MS et GS.

Matériel: Une comptine connue des enfants qui se prête à l'ajout de syllabes en fin de vers (vers à un mot).

Et patatiri
Et patatari
Et blablablari
Et caeterari
Et patati
Et patata
Et blablabla
Et caetera

• Déroulement

• Consigne:

«Notre mascotte a mangé du riz la semaine dernière à la cantine et depuis elle ajoute "ri" à tous les mots. Elle a d'ailleurs décidé d'ajouter le son "ri" à la comptine que nous apprenons en ce moment. Écoutez sa nouvelle version.»

• Exercice:

La classe écoute le maître caché derrière la mascotte qui répète la comptine connue puis ajoute la syllabe «ri» à la fin de chaque mot.

• Variantes:

On peut décider d'ajouter la syllabe en attaque, au milieu du mot.

On peut aussi changer de syllabe et ajouter «pin».

• Évaluer :

On évaluera en situation de production avec une autre syllabe. On demandera à un élève de réciter une comptine courte qu'il connaît bien et d'ajouter une syllabe aux mots.

Cette activité qui exige que chaque mot du flux sonore de la comptine soit discriminé est difficile, car cette compétence vient avec l'apprentissage de l'écrit.

On tolérera que quelques mots soient oubliés.

On aidera les enfants en tapant des mains sur chaque mot de la comptine, ou bien on choisira une comptine à temps forts, comme celle proposée ci-dessus, dont la structure rythmique permet d'identifier les derniers mots du vers et donc d'identifier facilement le mot à transformer.

Cette activité est transférable à toutes sortes de comptines.

Le marabout

Objectif :	Développer des habiletés de manipulation syllabiques.
Compétence :	Savoir trouver des règles de transformation des mots : la reprise de syllabes.
Unité phonologique travaillée :	La syllabe.
Niveau :	MS et GS.

Tapis
Pyjama
Marie
Rideau
Doré
Rémi
Mimolette

• Déroulement

• Consigne :

« Nous allons apprendre une comptine par cœur. Elle sera facile à apprendre car c'est une comptine magique. »

• Exercice :

1. Les élèves écoutent le maître réciter. Le maître insiste sur les syllabes. Le groupe classe reprend les mots et frappe les syllabes.

Le maître demandera en quoi la comptine est magique. Quelques élèves trouveront spontanément la règle du jeu qui consiste en la reprise de la syllabe finale pour trouver le mot suivant.

2. Le maître demande à un élève de retrouver lui-même la comptine et de la répéter.

• Variante :

On pourra créer une comptine différente en commençant par un mot différent. Cette activité réalisée en petit groupe servira d'évaluation.

• Prolongement :

On pourra chanter la comptine très connue suivante, et remarquer qu'elle est construite sur le même principe.

Trois p'tits chats
chapeau d'paille
paillasson
somnambule
bulletin
tintamarre
marabout
bout d'ficelle
selle de ch'val
ch'val de course
course à pied
pied à terre
terre de feu
feu follet
lait de vache
vache de ferme
ferme ta bouche
bouche de loup
loup d'fôret
raie de ch'veux
ch'veux d'Jeand d'arc
d'arc en ciel
ciel bleu
bleu blanc rouge
rouge sang
sang de guerre
guerre de Troie
trois p'tits chats...

22

La mini-gomme

Objectif:	Initier à la structure phonologique des groupes consonantiques.
Compétence:	Trouver la règle de transformation phonologique d'un mot.
Unité phonologique travaillée:	Le phonème.
Niveau:	GS.
Matériel:	Une comptine déjà apprise par les enfants.

Pot à eau et pot à lait
Pot de terre et pot de fer
Pot au feu et bonn' potée
Peau d'banane et peau d'orange
Peau d'chagrin ou bien peau d'ange.

• Déroulement

• Consigne:

« Nous allons réécouter une comptine que nous avons déjà apprise ensemble, mais cette fois-ci elle aura quelque chose de différent, d'un peu étrange. Vous allez devoir reconnaître la comptine. »

• Exercice:

Les élèves écoutent le maître réciter: les consonnes d'attaque ont été retirées.

ot à eau et ot à ait
ot de terre et ot de er
ot au eu et onn' otée
eau d'anane et eau d'orange
eau d'agrin ou bien eau d'ange.

Le groupe classe reprend la comptine avec le maître et la compare auditivement à la comptine connue.

Le maître explique qu'il a retiré le son du début de certains mots.

Les enfants feront sûrement le rapprochement avec l'activité de la gomme. On fera remarquer que cette gomme est toute petite : elle ne retire pas les grosses syllabes, mais juste les petits sons.

• Variante :

On peut retirer les sons vocaliques des rimes de la comptine « Mirlababi » de Victor Hugo (→ Partie 5, p. 141).

• Prolongement :

On fera remarquer que les consonnes donnent plus d'informations que les voyelles.

Le maître écrira au tableau « Bonjour maman », les voyelles d'une couleur et les consonnes d'une autre. Il invitera les enfants à remplacer, par exemple, les consonnes « jaunes » par d'autres sons, et les voyelles « rouges » par d'autres sons.

Si l'on remplace les consonnes de « Bonjour maman », on obtient : « DonLouT RaPan », ce qui rend le message totalement incompréhensible.

Si l'on remplace les voyelles, on obtiendra : « bAjUr MOmIn », on peut deviner le message.

Sans entrer dans la définition des consonnes et des voyelles avec les enfants, on pourra remplacer les consonnes ou les voyelles d'une comptine connue par eux et conclure sur l'importance de bien prononcer, articuler, les lettres et sons des mots.

23

«Chapoté»

Objectif:	Prendre conscience que l'assemblage de syllabes forme des mots.
Compétences:	Manipuler les syllabes. Fusionner des mots monosyllabiques pour former un mot bisyllabique.
Unités phonologiques travaillées:	Le phonème et le mot.
Niveau:	MS et GS.

Le chat est sur son pot,
Chapeau!
Le chat ne dit mot,
Chameau!
La vache mange du riz,
Vacherie!
Ce veau de belle race,
Vorace!

• Déroulement

• Consigne:

«Le maître explique que l'on va apprendre une comptine, un petit peu magique aussi celle-ci, car on peut deviner les mots.»

• Exercice:

1. Les élèves écoutent le maître réciter. Le maître marque un accent sur les mots qui vont permettre de constituer les bisyllabiques, puis sur le résultat de l'addition.

«Le **chat** est sur son **pot**»

«**Cha**» - « **peau**»

Il pourra accentuer en tapant dans les mains sur «cha», «pot» et «cha-peau».

Le maître répète de façon isolée les deux mots du premier vers et le résultat. Il explique que si l'on prend le mot « chat » et le mot « pot », on peut former « chapeau ».

Il continue de réciter et fait conclure ses élèves.

• Variante :

On pourra faire pratiquer l'exercice inverse : on proposera les mêmes mots que dans l'exercice précédent, mais on leur demandera de segmenter le mot entier en deux petits mots. On proposera ensuite des mots nouveaux.

• Évaluer :

On fera passer les élèves individuellement : avec d'autres mots monosyllabiques, ils devront pouvoir retrouver par fusion un nouveau mot.
Exemple : « Cygne – allemand » « Paon – talon » « Ver – dur ».

• Prolongement :

On pourra apprendre aux élèves le fonctionnement des charades.
« Mon premier a des moustaches
Mon second sert à donner une information quand on écrit.
Le mot que je cherche est... »
On évitera de donner la définition du « tout » pour laisser les élèves sur le traitement du son et non du sens.

Les mots tordus

Objectif:	Prendre conscience que, quand on connaît bien un mot, on peut le découper en morceaux plus petits que la syllabe.
Compétences:	Supprimer ou ajouter un phonème en position d'attaque ou de rime.
Unités phonologiques travaillées:	Le phonème et le mot.
Niveau:	GS.
Matériel:	Un poupon.

Ce petit sien c'est le mien
Il regarde passer dans ma maison les navions.
Il voit passer quinze sinzes avec une grosse dame,
le derrière comme un popotame et un fapeau rigolo.
Heureux, sa petite queue claque
C'est un véritable pestacle.

• Déroulement

• Activité préalable:

Le maître fera l'appel dans le désordre et énoncera le prénom de chaque élève en retirant le phonème d'attaque: « Arie, Toine, Om, Ouis… »

On pourra, le lendemain, faire la même chose en ajoutant une rime en « ette » par exemple, ce qui fait beaucoup rire les enfants et les familiarise avec la manipulation du mot; puis avec un phonème en [an] par exemple: « Marian, Antoinan, Toman, Louian… »

Dans la semaine, on pourra ensuite ajouter [i] devant tous les prénoms: « imarie, iluis… »

• Consigne:

« Le bébé de la classe va réciter une comptine. Il ne parle pas encore très bien. Il va falloir comprendre ce qu'il dit. »

• Exercice :

1. Les élèves écoutent le maître réciter derrière le poupon.

Le maître s'arrête à chaque fin de phrase pour laisser le temps de retrouver l'énoncé correct.

2. On demandera ensuite les sons que le bébé énonce de façon erronée. « Il dit "sien" à la place de "chien". » Il s'agira alors d'isoler le phonème, de le garder en mémoire et de le comparer.

Certains élèves pourront avoir quelques difficultés à réaliser cette tâche cognitive ; on les aidera en accentuant le phonème d'attaque, en leur demandant d'accentuer eux-mêmes l'attaque puis en leur demandant de répéter l'attaque après avoir dit le mot en entier. Le maître aidera les élèves à isoler et à formuler les deux phonèmes confondus. On répétera systématiquement les deux mots ; pour que les enfants entendent bien les différences, on attirera leur regard sur la position des lèvres.

En fin de séance, le maître demandera à ses élèves de se souvenir d'une comptine qui aide, par exemple, à bien distinguer dans sa prononciation [s]/[ch].

On conclura sur l'objectif de la séance : quand on connaît un mot, on peut le découper en morceaux tout petits. Ce petit morceau, ce petit son peut changer un mot, il peut le transformer en un autre mot qui ne signifie plus du tout la même chose.

On prendra quelques exemple que l'on illustrera d'images.

• Variante :

Le maître pourra proposer de reprendre la comptine en remplaçant (ou en ajoutant) à chaque phonème d'attaque de certains mots une même consonne qu'il faudra deviner.

« Le petit **P**ien, c'est le **P**ien, il regarde passer dans ma **P**aison, les **P**avions... »

25

La rencontre (1)

Objectifs:	Initier à la structure phonologique des groupes consonantiques. Apprendre à fusionner un phonème à un mot pour former un mot nouveau.
Compétence:	Ajouter un son pour former un nouveau mot.
Unités phonologiques travaillées:	Le phonème et le mot.
Niveau:	GS.

Le t rencontre une roue
t-rou
trou

le t rencontre un rond
t-rond
tronc

le c rencontre une raie
c-raie
craie

le p rencontre le riz
p-riz
prix

le b rencontre le rat
b-rat
bras

le p rencontre le nœud
p-nœud
pneu

• Déroulement

• Consigne :

« On va apprendre une comptine qui raconte l'histoire d'un son qui rencontre un mot. On peut deviner le lieu de rencontre si on apprend à "coller" les deux sons. »

• Exercice :

1. Les élèves écoutent le maître réciter. Pour le premier vers, on prononcera le nom de la lettre ; pour le deuxième vers, on prononcera le son du phonème.

Exemple : Le « Té » rencontre une roue → « t »-« rou », « trou ».

Les consonnes d'attaque de la comptine ont été retirées.

2. Le maître aide ses élèves à formuler la transformation : la rencontre d'un son et d'un mot. Il n'hésitera pas à traiter tous les exemples de la comptine avec ses élèves, à mettre le ton, à accentuer les vers de la comptine.

« Le **T** rencontre une **roue** !
Tttttttt-rou
TROU ! »

• Consigne :

« Je vais réciter le début et vous allez devoir deviner le mot que la rencontre va former.

Par exemple, je vais dire : "Le [t]rencontre une roue, [t] 'rou', et vous devrez dire 'trou'."

Continuez ainsi le reste de la comptine. »

• Exercice :

Avec les élèves qui n'éprouvent pas de difficulté, on pourra juste énoncer le premier vers de chaque strophe sans insister sur l'addition des deux segments.

• Variante et évaluation :

On provoquera la rencontre d'un phonème et d'un mot et on laissera l'enfant trouver le nouveau mot formé.

La rencontre (2)

Objectif :	Initier à la structure phonologique des groupes consonantiques.
Compétences :	Fusionner deux phonèmes composant un mot monosyllabique. Apprendre à fusionner un phonème à un mot pour former un mot nouveau.
Unités phonologiques travaillées :	Le phonème et le mot.
Niveau :	GS.
Matériel :	Des images pour aider les élèves en difficulté.

Le n rencontre le é
Sur mon nez
Le s rencontre le o
Dans un seau
Le l rencontre le i
Dans le lit
Le l rencontre le ou
Face au loup
Le m rencontre le in
Sur ma main.

• Déroulement

• Consigne :

« On va apprendre une comptine qui raconte l'histoire de sons qui se rencontrent. On peut deviner le lieu de rencontre si on apprend à "coller" les deux sons. »

• Exercice :

Les élèves écoutent le maître réciter. Les phonèmes seront prononcés par leur son et non par le nom de la lettre : dire « n » et non « ène ».

Le maître donne le premier exemple. Si on colle [n] et [é] on forme le mot « nez ».

On s'assure que les enfants ont compris en leur demandant d'énoncer le résultat des autres fusions. On aidera le résultat de l'addition en collant les sons : « [s] [o], ça fait... ? »

• Variante :

On pourra proposer d'aider les élèves les plus en difficulté avec des images (→ Annexe, p. 198).

On demandera aux élèves de retrouver la carte qui correspond à la fusion des deux sons : « Si le [n] rencontre le [é], quelle image devras-tu me montrer ? »

• Évaluer :

On évaluera la capacité à donner le résultat d'une fusion sans carte imagée. Exemple : « Roue », « non », « coq », « scie », « chou », « bus », « pied ».

Activité d'évaluation phonétique

Objectif:	S'auto-évaluer pour prendre conscience de ses progrès d'articulation.
Compétences:	Se connaître et avoir envie d'apprendre.
Unités phonologiques travaillées:	Les sons [s]/[z].
Niveau:	Toutes sections.
Matériel:	La grille d'évaluation affichée au tableau, des gommettes vertes et des gommettes roses, les photos de la bouche qui prononce [s] et [z].

Six saucisses se balancent sur une ficelle,
Et s'extasient,
Elles se disent qu'elles sont chanceuses,
Si elles ressemblent
A des danseuses
Valsant au son
Du basson...

• Déroulement

• Consigne:

« Nous allons réciter la comptine avec plein de sons « sssssss » et « zzzzz ». Si vous réussissez à bien prononcer la comptine, vous pourrez poser une gommette verte dans le tableau. Si vous avez encore quelques difficultés vous poserez une gommette rose. »

• Exercice:

Les élèves sont dans le « coin regroupement ».

Le maître explique à quoi sert le tableau et le système de gommettes.

Il propose d'apprendre à bien articuler pour bien se faire comprendre et, quand ils seront au CP, pour bien apprendre à lire.

Le maître lit la comptine, explique les mots qui pourraient poser des difficultés de compréhension puis retourne la fiche afin de se concentrer sur le message sonore et les lèvres du maître.

Le maître commence seul : « Six saucisses se balancent sur une ficelle. » Chaque vers sera répété par les élèves puis le maître proposera à un élève de répéter seul le vers.

• Variantes :

• • En GS, on pourra travailler sur l'opposition [s]/[z]. Les élèves de GS pourront chercher des mots contenant les sons [s] ou [z] qui pourraient remplacer les mots soulignés ci-dessus dans la comptine.

• • En PS et en MS, ces sons sont difficilement identifiables. Les enfants auront des difficultés à les isoler : la répétition suffira.

• Évaluer :

Lorsqu'un enfant a accepté de passer seul devant le groupe (si un élève refuse, il pourra passer seul avec le maître plus tard), le maître lui propose d'aller poser une gommette de « réussite » (verte) ou de « progrès » (rose) dans la grille d'évaluation.

Cette activité est transférable à toutes les comptines des tableaux 1 à 4. Elle peut se programmer à l'issue de l'activité 17 pour l'étude de tous les sons.

Activités syntaxiques

28

La phrase

Objectifs: Présenter la notion de phrase.
1. Faire prendre conscience qu'une phrase est composée d'une suite de mots.
2. Montrer que le sens peut changer si l'on change l'ordre des mots.

Compétences: Se servir de son corps pour encoder les mots d'une phrase et se positionner pour la retranscrire.

Unités phonologiques travaillées: La phrase, le mot.

Niveau: Toutes sections.

Matériel: Des cartes de couleur codant les fonctions sujet, verbe, complément, sur lesquelles sont inscrits les mots de la comptine.
L'association « couleur-fonction » n'est pas explicitée aux enfants. Les couleurs serviront lors de la deuxième phase de la séance, afin que les enfants visualisent bien le changement d'ordre.

Son corps est vert.
Son pied est blanc.
Sors ta marmite.
Sors ta marmite.
Son corps est vert.
Son pied est blanc.
Fais donc ta soupe au poireau blanc.

• Déroulement

• Prérequis :

• • En PS et en MS, on présentera la phrase comme un ensemble de mots entre une majuscule et un point. On fera remarquer les espaces entre les mots. On présentera alors l'objectif de la séance : reconnaître les mots de la phrase et les mettre en correspondance avec ce qu'on entend.

• • En GS, mais à ce niveau uniquement, on expliquera ce qu'est une phrase, dans un premier temps avec les prénoms des élèves. Par exemple : « Éléna a une robe rouge, Thomas fait le fou, Alix est grande ».

On répétera ces phrases en retirant les sujets – « Ø a une robe rouge. » – puis les verbes – « Éléna Ø une robe rouge. » – et enfin le complément – « Éléna a Ø. »

On définira ensemble la phrase. Ces exemples ne sont pas des phrases car on ne sait pas de qui on parle, ce qu'il fait, avec qui ou quoi. On encouragera toute l'année les enfants à faire des phrases.

Exceptionnellement dans cette séance, on aura recours à l'écrit.

• Consigne 1 :

« Je vais réciter une comptine connue et vous allez regarder la façon dont sont écrits les mots de cette comptine. »

• Exercice :

On choisira une comptine simple. Chaque mot sera retranscrit sur une carte.

Son	corps	est	vert.
Sors	ta	marmite.	

Le maître suivra les mots espacés d'au moins dix centimètres.

Les élèves qui connaissent la comptine par cœur sont invités à suivre du doigt les mots de la comptine.

On veillera à bien ralentir la lecture des mots sans segmenter l'énoncé en syllabes.

On fera ensuite disparaître l'écriture et on remplacera les mots par des traits au tableau.

Les élèves à tour de rôle pointeront du doigt les traits pendant que Le maître ou un autre élève énoncera la comptine. On fera remarquer la majuscule et le point.

On conclura sur le concept de « mots » qui composent les phrases et les énoncés oraux.

« Quand nous parlons, nous disons des mots que l'on écrit les uns à côté des autres en mettant des espaces. On peut changer l'ordre des mots et le sens sera différent. »

Proposer alors l'activité suivante pour le lendemain.

• Consigne 2 :

« Je vais mélanger les cartes et vous relire la comptine. »

Le maître reprends les cartes sur lesquelles sont écrits les mots de la comptine. Le maître change l'ordre des mots. Les élèves constatent le changement de sens et le non-sens de certaines phrases.

vert.	corps	est	Son
ta	Sors	marmite.	

On conclura sur l'importance de mettre les mots dans le bon ordre.

• Prolongement :

On pourra coder par des traits d'autres comptines, des comptines qui seront facilement identifiables. Les élèves devront les reconnaître et justifier leur choix.

• Variante :

On pourra proposer des dictées de comptines en GS que les enfants coderont à l'aide de traits.

• Pour aller plus loin :

En PS, en MS, et en GS on pourra faire prendre conscience de la longueur des mots qui se distingue du sens.

Cette activité est indispensable avant le travail sur les syllabes. Les enfants ne comprennent souvent pas pourquoi il devraient taper plus de fois dans les mains pour le mot « libellule » que pour le mot « vache » alors que celle-ci est plus grande que l'insecte. On codera alors avec des petits traits et des grands traits les mots d'une comptine qui s'y prête.

Et patati —— ————
Et patata —— ————
Et blablabla —— ————
Et cætera —— ————

• Observation :

On veillera à faire remarquer aux élèves que l'on n'écrit pas avec des traits (notamment en PS) et il faudra profiter de l'ambiguïté de certains vers comportant le même nombre de traits pour distinguer codage et écriture.

• Évaluer :

Au cours de l'année, les élèves, à l'occasion d'erreurs syntaxiques orales, devront prendre conscience qu'ils n'avaient pas mis leurs mots dans le bon ordre.

Le furet

Objectifs:	Renforcer l'idée qu'un mot existe par lui-même en dehors de tout contexte, et que le sens d'une phrase dépend des mots qui la composent et de l'ordre dans lequel ils apparaissent.
Compétences:	Réciter une comptine à plusieurs, mémoriser un mot pour reconstituer le flux sonore de la comptine.
Unité phonologique travaillée:	Le mot.
Niveau:	Toutes sections.
Matériel:	Une comptine connue des enfants.

Pour qui sont ces bottes?
Pour la marmotte.
Pour qui est ce foulard?
Pour le homard.
Pour qui sont ces lunettes?
Pour la chouette.
Pour qui est cette perruque?
Pour le grand-duc.

• Déroulement

• Consigne:

« Je vais donner à chacun d'entre vous un mot de la comptine, vous devrez le redire chacun votre tour pour réciter la comptine. »

• Exercice:

Dans cette comptine, il y a 33 mots, soit environ un par enfant. On en donnera un à l'ATSEM, un à la mascotte et un au maître s'il y en a trop.

Le maître attribuera un mot à chaque enfant.

On demandera aux cinq premiers enfants de se placer debout, dans l'ordre, de gauche à droite, face aux autres.

Ils prononcent leur mot de façon régulière plusieurs fois jusqu'à ce que la phrase soit prononcée facilement.

Une fois tous les mots de la comptine bien énoncés, on demandera aux enfants de réciter la comptine de la première à la dernière ligne.

• Variante :

On pourra inviter les enfants à prononcer les mots dans l'autre sens.

On mélangera les enfants, mais ils devront s'écouter les uns les autres pour reconstituer la comptine dans le bon ordre.

Le dialogue

Objectif : S'entraîner à des structures syntaxiques correctes auxquelles sont souvent substituées des constructions mal dominées.

Compétences : Retenir une forme syntaxique correcte et savoir la décliner à différentes personnes.

Unité syntaxique « Être » qui se substitue à « avoir » dans des structures pronominales réfléchies à « je » et « tu ».

Niveau : Toutes sections.

Moi, dans la cour, je me suis fait mal.
Toi, dans la cour, tu t'es fait mal.
Moi, sur le cahier, je me suis trompé.
Toi, sur le cahier, tu t'es trompé.
Moi, sur la balançoire, je me suis balancé.
Toi, sur la balançoire, tu t'es balancé.
Moi, dans le bain, je me suis lavé les mains.
Toi, dans le bain, tu t'es lavé les mains.

• Déroulement

• Consigne :

« Nous allons réciter une comptine tous ensemble, puis vous vous mettrez par deux et face à face et vous la réciterez ensemble. »

• Exercice :

Les élèves récitent la comptine en se montrant du doigt sur le « moi », et en montrant du doigt le maître, sur le « toi ».

• Évaluer :

C'est dans la conversation quotidienne que le maître évaluera les compétences syntaxiques de ses élèves et les consignera dans la grille n° 8.

Ce type d'activité autour du mime est transférable aux comptines syntaxiques 1 à 16 du tableau 4 des « comptines syntaxiques ».

Partie 5
Répertoire de comptines

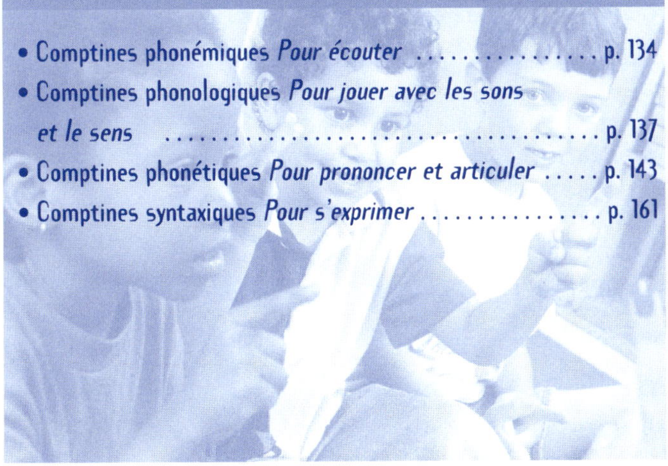

Comptines phonémiques
Pour écouter

1

Chchchchchch
Pppppppppp
Tttttttttt
Tchoutchoutchou
Sssssssssssssssss
Zouzou zouzou zou zou
Toudou toudou toudou
Pfffffffffffffffffff

Marie Goëtz

2

Trois petits pirates
Pêchent une pieuvre pour la poule
Trois petites tortues
Tâtonnent vers le tatou têtu
Le mille-pattes emmène
Tout ce petit monde vers la marmite fumante
Pour finir en fanfare la fondue des fauves féroces.

Marie Goëtz

3

Tut, Tut!
La tortue trotte sur le tapis de pétales.
Couac!
Le clown culbute et se casse le cou.
Miam!
Maman émince de la mâche dans la marmite.
Non! La grenouille a mis son bonnet de nuit noir à nœuds.

Marie Goëtz

4

Le faux chevalier charmant
fauche en un coup de hache
cette fourbe sirène.

La mouche s'est cassé les pattes
en lâchant le seau trop chaud.
Marie Goëtz

5

O
un oiseau
A
il a froid
U
dans la rue
I
dans son nid
Comptines pour apprendre à écouter,
Bray-Clausard, D.R.

6

I
la souris
U
elle a vu
O
un gâteau
A
du chocolat
é
Elle va goûter
Comptines pour apprendre à écouter,
Bray-Clausard, D.R.

7

Tous les matins
après son bain
Jeannot lapin
Va au jardin

Avec la pie
Jouer à la toupie
Avec la tortue
Jouer à mère veux-tu
Avec la belette
Jouer aux devinettes
Comptines pour apprendre à prononcer,
Bray-Clausard, D.R.

8

A
Voilà le chat
È
il boit du lait
O
c'est trop chaud
U
il n'en veut plus
I
il est parti
Comptines pour apprendre à écouter,
Bray-Clausard, D.R.

9

Où es-tu caché?
Méchante araignée
J'ai cherché partout
Répète le matou
Derrière une petite craie
Tu ne me trouveras jamais
Philippe Georges

10

In
T'en fais un brin
An
C'est pas marrant
On
Et bien, Rangeons!
É
Sous l'escalier
Eu
Ce sera bien mieux
Marie Goëtz

11

Alistair fête son anniversaire
Annabelle mange des
mirabelles
Nicolas mange du chocolat
Grégoire se fend la poire
Annette a des couettes
Victor s'endort
Maxime fait des rimes
Marie Goëtz

12

Un
Je cuis du pain
Deux
Je le coupe en deux
Trois
Parce qu'il fait bien froid
Quatre
Pour la vielle marâtre
Cinq
Nez d'ornithorynque
Six
Moche comme une saucisse
Sept
Qui sent la chaussette
Et c'est la fin
Point!
Marie Goëtz

13

Le lapin est dans son bain
La souris est dans son lit
L'écureuil, dans son fauteuil
Le scarabée, sur la cheminée
La chouette sous la couette
La mouette sur les toilettes
L'éléphant sur le divan
Le boa sur le matelas
Le loir est dans l'armoire.
Marie Goëtz

Comptines phonologiques
Pour jouer avec les sons et le sens

14

Juliette fonce en trottinette
Gaston vole en avion
Arthur roule en voiture
Léo vogue en bateau
Hugo pédale à vélo
Blanche surfe sur sa planche.
Marie Goëtz

15

L'automate s'ennuyait: il a décidé d'aller marcher.
Marcher, marcher, marcher, marcher. (mime)
L'automate se réchauffait: il a décidé d'aller nager.
Nager, nager, nager, nager. (mime)
L'automate se grattait, il a décidé de s'balancer.
Balancer, balancer, balancer, balancer. (mime)
L'automate s'impatientait: il a décidé de sauter.
Sauter, sauter, sauter, sauter. (mime)
Marie Goëtz

16

Sapin lapin
Pinsa, pinla
Radis, tapis
Dira, pita
Sofa, soda
Faso, daso
Bijou, bisou
Joubi, soubi

Litière, lisière
Tièrli, sièrli
Boucher, bouder
Chébou, débou

Majapy, japyma, jamapy pyjama!
Bovalo, valabo, vabola, lavabo!
Llonpipa, pipallon, pillonpa, papillon!
Marie Goëtz

17

Py
Pyja
Pyjama
La
Lava
Lavabo
Pa
Papi
Papillon
Ouis
Ouisti
Ouistiti
É
Élé
Éléphant
Ko
Koa
Koala
Marie Goëtz

18

Pyjama
Pyja
Py
Lavabo
Lava
La
Marie Goëtz

19

Ouistiti
Ouisti
Ouis
Papillon
Papi
Pa
Éléphant
Élé
É
Marie Goëtz

20

Sur mon bateau
Sur mon balai
Sur mon camion
Sur mon cahier
Sur mon sapin
Sur mon sachet
Sur mon lapin
Sur mon lama
Marie Goëtz

21

Et ton phoque
Et ton coq
Et ton sac
Et ton lac
Et ton pic
Et ton tic
Et ton boeuf
Et ton oeuf
Ils vont bien
Ce matin
Collectif, *Les fous, 60 poésies et 60 comptines*, éditions Bayard, D.R.

22

Tapis
Pyjama
Marie
Rideau
Doré
Rémi
Mimolette

Marie Goëtz

23

Pot à eau et pot à lait
Pot de terre et pot de fer
Pot au feu et bonn' potée
Peau d'banane et peau d'orange
Peau d'chagrin ou bien peau d'ange.

24

Le chat est sur son pot,
Chapeau!
Le chat ne dit mot,
Chameau!
La vache mange du riz,
Vacherie!
Ce veau de belle race,
Vorace!

Nicolas Goëtz

25

Ce petit sien c'est le mien
Il regarde passer dans ma maison les navions.
Il voit passer quinze sinzes avec une grosse dame,
le derrière comme un popotame et un fapeau rigolo.
Heureux, sa petite queue claque
C'est un véritable pestacle.

Marie Goëtz

26

Le t rencontre une roue
t-rou
trou

le t rencontre un rond
t-rond
tronc

le c rencontre une raie
c-raie
craie

le p rencontre le riz
p-riz
prix

le b rencontre le rat
b-rat
bras

le p rencontre le nœud
p-nœud
pneu

Marie Goëtz

27

Le n rencontre le é
Sur mon nez
Le s rencontre le o
Dans un seau
Le l rencontre le i
Dans le lit
Le l rencontre le ou
Face au loup
Le m rencontre le in
Sur ma main.
Marie Goëtz

28

Son corps est vert
Son pied est blanc
Sors ta marmite
Sors ta marmite
Son corps est vert
Son pied est blanc
Fais donc ta soupe au poireau
blanc.
Gérard Besche,
Comptines pour mieux lire et mieux écrire, D.R.

29

Arlequin dans sa boutique
Sur les marches du palais
Il enseigne la musique
À tous ses petits valets
À Monsieur PO
À Monsieur LI
À Monsieur CHI
À Monsieur NEL
À Monsieur POLICHINEL

30

Astic ménic
Et pon pon pon
Batom léjic
Et pon pon pon
Lavoum Patic
Et Pon pon pon
Derem Déric
Et Pon Pon Pon
Pon pon pon pon
Tic tic tic tic.

31

Am stram gram
Pique et pique et colegram
Bourre et bourre et ratatam
Am stram gram
Pique dame

32

Dubibi
Dubibo
Carabi
Carabo
Dutiti
Dutito
Carati
Carato
Dumini
Dumino
Carani
Carano.

33

Dumini, dumino
Dufifi, dufifo
Duguigui, duguiguo
Duvivi, duvivo
Dutiti, dutito
Duzizi, duzizo

34

Chavirôt
Dans un pot
Chamipattarôt
Dans le pot
Rôtbrula
Pattacha
Chalifa
Houlala
Loin du pot
Loin du pot.

35

Mirlababi
Surlababo
Mirliton
Ribon ribette
Surlababi
Mirlababo
Mirliton
Ribon ribo.

Victor Hugo

36

Une bigoudine
Vouza Kalimoudja
Atritchoum
Tireli Katchoum
Une bigoudine
Vouza tritchoum.

37

Ha! Hou!
Hou! Ha!
Hi?
    – Couçi-couçi!
Hi! Hou!
Hou! Hi!
Ha?
    – Couça-couça!
    Ha! Hi!
Hi! Ha!
Hou!
    – Lalaïtou!

Comptine esquimaude.

Comptines phonétiques
Pour prononcer et articuler

38

Tara le petit rat s'en va au canada
Avec Sacha le petit rat.

Bray-Clausard, *Comptines pour apprendre à écouter,* D.R.

39

Un deux trois
Voilà des noix pour Amanda
Du chocolat pour Barbara

Quatre cinq six de la réglisse
Pour Clarisse
Et du cassis
Pour Fabrice
Sept huit neuf
Il me reste un œuf.

Bray-Clausard,
Comptines pour apprendre à prononcer,
D.R.

40

Ali baba le chat de Moustafa
joue en pyjama
sur mon sofa
avec Sacha le rat du boa

Ha ha ha
Qui rira
De cela
C'est le rat.

Marie Goëtz

41

Picoli l'a dit
S'il l'a dit
C'est fini
T'es pris!

42

La souris
a mis
du riz
dans le nid
de ses petits.

Bray-Clausard,
Comptines pour apprendre à écouter,
D.R.

43

Le ciel est gris
J'ai le cœur aigri
Je reste sur le tapis
À lire de la poésie
Tout seul sans ami.

Philippe Georges

44

As-tu bu
Du sirop?
As-tu lu
Des journaux?
As-tu vu
Mon chapeau?

45

Dans la rue
J'ai vu
Bubu la tortue
Qui m'a vendu
De la laitue.

Bray-Clausard,
Comptines pour apprendre à écouter,
D.R.

46

Adrien est un hurluberlu
Qui a la berlue
Et traverse la rue
Sans voir le zébu.

Philippe Georges

47

Hou! Hou!
Le petit loup
A rendez-vous
Avec le Kangourou
Derrière les bambous.

48

Un pou un peu saoul
Fait le fou dans un chou
Un hibou jaloux
Mange des clous
Le monde est fou.

Marie Goëtz

49

Le fou est tout fou-fou
Le fou parle aux cailloux
Le fou chante à genoux
Le fou guette le loup
Et quand il fait le fou
Il tient le garde-fou
S'il rit d'un rire fou
C'est qu'il a le fou rire.

50

Amédée le jardinier
M'a donné
Une clef
Toute dorée
Pour entrer dans le potager
Et tout manger!

51

Je connais un secret bien gardé
Il est enfermé dans le grenier
Pour le libérer
Il faut souffler
Sur la clé de l'araignée.

Marie Goëtz

52

Au mois de mai
Avec mon poney
Je fais des bouquets
De muguet
De genêts
Et d'œillets.

Bray-Clausard,
Comptines pour apprendre à écouter,
D.R.

53

À la queue leu leu,
Mon p'tit chat est bleu,
S'il est bleu,
Tant mieux;
S'il est gris,
Tant pis.

54

Un, deux
À la queue leu leu
Allumez un feu
Donnez-moi des œufs
Ajoutez du beurre
Pour ma petite sœur
Tous dans l'ascenseur.

55

Parbleu
J'ai une peur bleue
Quand le vois les cahiers au feu
Et la maîtresse au milieu.

Philippe Georges

56

Zozo le souriceau
Joue au cerceau
Sur le piano
Avec un anneau
De rideau.

57

L'escargot et le crapaud
Sont venus chez l'asticot
Ils ont mangé des artichauts
Des abricots
Et des gâteaux.

Bray-Clausard,
Comptines pour apprendre à écouter,
D.R.

58

Mon ami Arnaud
A un grand bateau
Un bateau très beau
Avec un drapeau
Quand il va sur l'eau
Sur l'eau du ruisseau
Tous les animaux
Applaudissent Arnaud.

Bray-Clausard,
Comptines pour apprendre à prononcer,
D.R.

59

Piment piquant,
Amant charmant,
Et gens méchants.

60

Fleur de chou et feuill' des champs
En arrière et en avant
Plum' de chat et poil de paon
Paon paon paon et patapan.

61

Julien
A un lapin
Qui aime le thym
Germain
A un poulain
Qui aime le grain.
Philippe Georges

62

Lucien
Le magicien
Fait sortir un lapin
De la poche de Flavien
Le musicien.

63

À Dijon
Sur un pont
Un garçon
Appelé Gaston
Pêche au harpon
Un vieux limaçon
Qui vend du cresson
M'a donné du thon
Pour mon ami Léon.
Marie Goëtz

64

Sous son ombrelle, Manon
mange un melon.
Mmmm! que c'est bon.

Gaston, le roi du ballon rond
lance un boulet de canon
dans l'ombrelle de Manon.
Ça c'est le pompon.
Marie Goëtz

65

Émilie joue de la batterie
Amanda joue de l'harmonica
Fabrice fait un caprice
Marie Goëtz

66

Mimi
Le ouistiti
A choisi
À midi
Un ananas
Pour son repas.
Bray-Clausard,
Comptines pour apprendre à écouter,
D.R.

67

C'est inouï
En habit de mardi
Six tigres timides patinent.
Marie Goëtz

68

Turlurette et turlupin
J'ai trouvé un petit lapin
Turlurette et tourlourou
Si tu l'veux donn'moi des sous.

69

Douze poules dodues ont pondu
Douze fois plus que
Douze autruches têtues.
Philippe Georges

70

As-tu vu l'autruche?
J'ai bien vu sa bouille
Elle avait la trouille
Elle était perdue
Dans un trou menu
Nicolas Goëtz

71

(à dire très vite)
Fourmi
Toupie
Hibou
Grisou
Marie Goëtz

72

Hou! Hou!
Le petit loup
A rendez vous
Avec Kouriki
La petite souris
Près du bambou
Pour manger du riz au chou.
Marie Goëtz

73

Une poule toute douce
glousse sous sa douche.
Une fourmi toute rabougrie
danse le sirtaki
sous ses bigoudis.
Marie Goëtz

74

Ursule gesticule
Il a mis sa jupe en tulle
Pour l'anniversaire de Noémie
Mercredi.

75

Soupe de tulipe
T'es cuite
Soupe de litchis
T'es cuit.
Marie Goëtz

76

Sur le bitume
Ursule est dans la lune
Il a dit oui à Sidonie
Ils s'enfuient en Ferrari
À Honolulu
Goûter un bon menu.
Marie Goëtz

77

Soulier
Tablier
Chemisier
Tout au panier!

Marie Goëtz

78

À Annecy j'ai acheté du riz
À Douarnenez j'ai tout mangé
À Paris j'ai tout vomi
À Saint-Tropez j'ai regretté

Marie Goëtz

79

Un dîner sous les palmiers avec de beaux souliers
Souriez!

80

Arthur sussure
Charlotte chuchote
Ursule bouscule
Fleur pleure
Didier est fatigué
Levons le pied
C'est la fin de la journée.

81

La poule a pondu des œufs
Dans le cartable de Mathieu
L'autruche a laissé sa flûte
Dans le sac de Ruth.

Marie Goëtz

82

Il a chuté
Il est têtu
Il a hurlé
Puis il s'est tu.

Marie Goëtz

83

Pas en ce moment
Je n'ai pas le temps
Dit l'éléphant au petit faon
Il faut que je donne du foin
au poulain
Et du grain au lapin.
Reviens cueillir le thym au
printemps
Ou bien dans un an.

Marie Goëtz

84

Que c'est mignon
Gaétan
A vu un paon
Nommé Siméon
Derrière un banc
Dans un champ près de
l'étang.

Marie Goëtz

85

Qu'il est lent, qu'il est lent
Cet escargot noir et blanc
Qui traverse le vieux pont!

Qu'il est long, qu'il est long
Le chemin sur le vieux pont,
Pour l'escargot noir et blanc.

86

Pomme de reinette et pomme d'api,
D'api d'api rouge;
Pomme de reinette et pomme d'api,
D'api, d'api gris.

87

Pain
Pâte
Petit pois
Poire
Poireau
Bon appétit!
Marie Goëtz

88

Pot à eau et pot à lait
Pot de terre et pot de fer
Pot au feu et bonn' potée
Peau d'banane et peau d'orange
Peau d'chagrin ou bien peau d'ange.

89

Une boule
Deux boules
Trois boules
Ça roule!

90

Bouée
Boîte
Botte
Bouteille
Bougie
Bonnet
Bouton
Bol
Balles
Bulles
Boules
Billes
Quel bric à brac!
Marie Goëtz

91

Mirlababi
Surlababo
Mirliton
Ribon ribette
Surlababi
Mirlababo
Mirliton
Ribon ribo.
Victor Hugo

92

Et patati
Et patata
Et blablabla
Et cætera

93

Toc toc toc
Il pleut sur la terre;
Toc toc toc
Il fait noir et clair;
Toc, toc, toc
Voici le tonnerre.

94

Trois tristes tortues
Sur un p'tit toit gris.
Marie Goëtz

95

Mon doudou il est doux
Il est doux dessous
Il est doux dessus
Et il adore être dorloté.
Nicolas Goëtz

96

Deux dindes dodues dînant
se dandinent devant
le dindon en débardeur
Qui lance des yeux doux.
Marie Goëtz

97

Dadadi
Mets ton doigt
Dadada
Sur le radis
Découpe le en rondelle
Dis merci à Daniel.
Nicolas Goëtz

98

Kaki la Kangourou se
promène
en bikini kaki riquiqui;
Elle mettra KO, Kagou,
le coquin kangourou.
Marie Goëtz

99

Tic, tac, toc,
Tic, tac, toc,
On dirait qu'un très vieux coq
Se cache dans le balancier,
Tic, tac, toc,
Crac, et croque du manioc

100

Couic couic
Le cake est cuit
Toc toc
Les quenottes se choquent
Cot cot
Le coq se moque
Clac Clac
La canne cancane
Marie Goëtz

101

Gris gris gris
Il est gris
Le gros chat
Gros gros gros
Le gros chat
Gras gras gras
Il est gras
Le gros chat.

102

Une aiguille
Je te pique
Une épingle
Je te pince
Une agrafe
Je t'attrape.
Marie Goëtz

103

La guenon danse la gigue
en mangeant des figues;
Elle drague Rodrigue,
le fameux gaillard très
rigolard.
Marie Goëtz

104

En maillot dans son hamac
Le mille-pattes
Se dore le dos.
Marie Goëtz

105

Moult mammouths marrons
Mènent une danse marteau.
Nicolas Goëtz

106

Isabelle ma belle
Veux-tu des mirabelles?
Brigitte ma petite
Veux-tu des marguerites?
Yvonne
Ma mignonne
Veux-tu des anémones?
Bray-Clausard,
Comptines pour apprendre à écouter,
D.R.

107

Non, non, non, que nenni
Nouille l'âne
Ne lâchera pas son journal.
Marie Goëtz

108

Un jaguar noir sur un nénuphar
Une grenouille au bonnet rouille
Un caniche très riche
Que nenni!
Marie Goëtz

109

Neuf caniches nains
Nichent sous la nappe
à nœuds noirs.
Marie Goëtz

110

C'est la fête à toi
C'est la fête à moi
C'est la fête à quoi
C'est la fête à l'oie.

111

Un éléphant fluorescent,
c'est amusant
Un fakir fainéant, c'est
surprenant
Un fauve féroce, c'est effrayant
Quelle fanfare farfelue!
Marie Goëtz

112

Trois fées folles fatiguées
Soufflent sur leurs moufles
Et font de la fumée.
Marie Goëtz

113

Et Vlan!
Voici que le vent
Et Vlac!
Plus fort qu'une claque
Et vlin!
Comme il est malin
Et Vlorte!
A fermé la porte.
Nicolas Goëtz

114

Hissez la grand voile
Dit le grand voilier
Laissez-moi voguer
Libre sur les vagues
Je suis en vacances
Je veux naviguer
Vers les grands volcans
Ou les cocotiers.
Nicolas Goëtz

115

Vipère
Pervenche
Pervenche
Cheval
Cheval
Valser
Valser
Sévère
Verser
Verser des larmes de vipère
car le sévère cheval
fait valser la pervenche.
Nicolas Goëtz

116

La limace d'Alsace grimace devant la glace;
Elle est lasse de danser la valse.
Marie Goëtz

117

Sss... sss... sss
Siffle le serpent,
Le serpent qui danse,
Danse et se balance,
Au son des cymbales,
Sur un air de valse
Que jouent les cigales.
Bray-Clausard,
Comptines pour apprendre à écouter,
D.R.

118

Six sirènes sursautent
Elles paressent au salon
Et sirotent une glace.
Marie Goëtz

119

Au zoo,
Le zèbre Zéphirin
Fait le zinzin.
Marie Goëtz

120

Menteuse
Fâcheuse
Picoteuse
Râleuse
Va-t'en sous la Meuse.
Marie Goëtz

121

Un, deux, trois, quatre,
La grenouille veut se battre,
Cinq, six, sept, huit,
Allez vous cacher bien vite,
Neuf, dix, onze, douze,
La grenouille est très jalouse,
Treize, quatorze, quinze, seize,
De toutes les grenouilles anglaises.

122

Chien,
Chiot,
Vache,
Chat,
Chouette,
Cochon,
Cheval,
Mouches
S'approchent du chapiteau.

123

Chiche!
Dit le chat
À la chouette
Tu chercheras
La chatte
Je chercherai
Le chien.
Bray-Clausard,
Comptines pour apprendre à écouter,
D.R.

124

Chut
Sacha le chat s'échappe
De chez Serge
Avec son sachet de mouches
séchées.
Marie Goëtz

125

Dans la jungle,
Le joufflu jaguar
Regarde à la jumelle
Joëlle la gazelle
S'agiter sous le jet d'eau.
Marie Goëtz

126

Flip, Flop
Il pleut
Plic
Flip, Flop
Il pleut
Ploc!

127

Lulupin est un lapin malin
Pour Noël
Il a invité Michel
Rolande pour les guirlandes
Pascale pour les étoiles.
Marie Goëtz

128

Lola la libellule bleue
Longe le lit de la rivière
Elle vole tranquillement
Au gré des lilas et du vent.
Marie Goëtz

129

Graine de rhubarbe
Graine de poireau
Poil de barbe
Pipi de blaireau
Treize roses rouges
Trois araignées rousses
La potion de Rémi Pousse.
Marie Goëtz

130

L'ours roux
Le rouge gorge
Le crabe rose
Se racontent
Des histoires rigolotes
Dans la roulotte.
Nicolas Goëtz

131

Il reste des fraises fraîches
qui rafraîchissent
dans le réfrigérateur.
Nicolas Goëtz

132

Vive, vive,
vive les flots!

Vogue, vogue
mon grand bateau.

File, file,
file sur l'eau.

Flotte, flotte
mon grand drapeau.
Philippe Georges

133

Un petit fil vole sur la ville folle.
Les petits vers sont aussi minces qu'un fil de fer.
On peut y voir la ville en foire
et des vaches qui se fâchent.
Marie Goëtz

134

Que fera Valérie
Vendredi?
Elle vernira
Le vase vert
Que fera Françoise
Vendredi?
Elle fleurira
Les fenêtres
De la façade
Que fera Victor
Vendredi?
Il fêtera
La victoire
Du vendredi.
Bray-Clausard,
Comptines pour apprendre à prononcer,
D.R.

135

Le chat glacé
Grince des dents
Et sèche ses gants.

136

Six zèbres se rassemblent
Pour causer en société
La discussion s'anime
Et la zizanie prend le dessus.
Philippe Georges

137

Béatrice
A des écrevisses
Elle en vend six.

Thérèse
A des fraises
Elle en vend seize.

Bray-Clausard,
Comptines pour apprendre à prononcer,
D.R.

138

Six saucisses se balancent
sur une ficelle,
Et s'extasient,
Elles se disent qu'elles sont chanceuses,
Si elles ressemblent
À des danseuses
Valsant au son
Du basson

Nicolas Goëtz

139

Une goutte,
Minuscule,
Dégringole,
Dans mon cou.

Elle rigole, la coquine,
En glissant partout.

Nicolas Goëtz

140

Pluie et pluie et parapluie
Tombe, tombe sur ma tête
Pluie et pluie et parapluie
Tombe, tombe jusqu'à la nuit.

141

Pépé joue aux boules
Bébé avec sa poule
Pépé coupe son pain
Bébé prend son bain
Tous deux vont boire
Un jus aux poires.

142

La poire dans la corbeille
L'abeille sur la poire
La passoire sur l'abeille

143

Cours chercher ta tarte
Dans ta tour de carte
J'voudrais y toucher
Avant de m'coucher.

144

Je me suis taché
Maman va m'gronder
Je me suis caché
Dans une tour dorée
J'vois maman qui court
Je ne suis pas couché.

Marie Goëtz

145

Cric crac,
Cric crac,
C'est le criquet
Qui fait du crochet.

Tric trac,
Tric trac,
C'est le traquet
Qui fait du tricot.

146

Suis mon doigt!
Sur le toit,
Trois tortues tordues
Filent droit.

Marie Goëtz

147

Bison bisu
Futé foutu
Chemin perdu
Prêté rendu
Pantin pendu
Dindon dodu
Poireau poilu
Chapeau pointu
Turlututu.

148

Le docteur tâte
Le dos tout rouge.
Dure la toux!
Douce la tisane!

Philippe Georges

149

Des p'tits pouces font la fête
Sur un pouf ils sont sept
Boivent un café
Puis vont s'cacher.

Marie Goëtz

150

Funambule sur un fil
Écarquille tes grands cils
Facile.

Marie Goëtz

151

La souris file
Frôle et surprend
La frêle Cécile
Qui fuit en frissonnant

Philippe Georges

152

Un chameau dans un chapeau
C'est faux
Un éléphant phosphorescent
Charmant.

Marie Goëtz

153

La faucheuse fauche
Le faux blé fauché
C'est fâcheux.
Marie Goëtz

154

Le grand choucas
Siffle des fa
Au petit chat
Qui aime danser
Le cha-cha-cha.

« Fa, fa, fa, fa »
Fait le choucas ;
« cha-cha-cha-cha »
Danse le chat

155

Solange, mon ange
Bois ce jus d'orange
Les ombres d'un orage
Zigzaguent sur la plage.
Zut le jus !
Marie Goëtz

156

Je connais des jeux,
Des jeux amusants ;
Donne-moi des œufs,
Des œufs de faisan ;
Regarde-moi bien,
Un, deux, trois, quatre, cinq,
Je change les œufs
En petits lapins !

Si tu aimes mes jeux,
Tape dans tes mains !

157

Le seau
Trop chaud
Tout est tombé
Sachez laisser passer
Sacha le chat
Afin qu'il lèche le lait séché.
Marie Goëtz

158

Le bûcheron a scié le sapin
Il a soif ; il a chaud
Il s'assoit sur une souche
Et mange sa soupe aux choux
Philippe Georges

159

« Achetez mes choux,
Mes beaux choux verts »,
Crie le pic-vert.

« Pour mes deux choux,
Il faut dix sous,
Cinq sous par choux. »

C'est le hamster
Qui a eu les choux
Contre dix sous.
Bray-Clausard,
Comptines pour apprendre à prononcer
D.R.

160

Mmmm c'est bon
Non, non, non, je n'en veux pas
Mmmm c'est bon
Non, non, non, je n'en
prendrai pas.

161

Mignonne Marguerite
Mignonne Anémone
Viens là que je t'en donne
Pour ton panier de pommes.

162

Un matin de novembre
Un nuage malicieux
A posé sur mon nez
Des miettes de neige
Philippe Georges

163

Le rat lorgne sur le riz
Le riz long et gluant de
tante Eulalie
Partie en Italie avec Thierry
Au Portugal avec Pascal
En Amérique avec Patrick.
Marie Goëtz

164

Léa râle
Lily ronchonne
Robert est drôle
Léa et Lily rient
Philippe Georges

165

Avec des feuilles de lierre
La fauvette couturière
A fait, pour le hérisson,
Un manteau très long, très long,
Avec des fleurs de bruyère
Un chapeau tout rond, tout rond;

Avec la laine de mes moutons,
Moi, la bergère Laure Lou,
Je ferai un manteau de laine, manteau de laine, manteau de reine!

Pour Laure Lou, rien n'est plus doux
Que la laine de ses moutons.
Bray Claussard,
Comptines pour apprendre à prononcer, D.R.

166

Quille
Bille
Fille
Chenille
Gorille
Vanille
Morille.
Marie Goëtz

167

Vacances de juillet
Camille joue aux billes
Yolande à la marchande
Mireille a mal aux oreilles.
Marie Goëtz

168

Matthieu est facétieux
Tire la langue aux vieux messieurs furieux
Puis lève les yeux aux cieux
Et se fait silencieux

169

Placide plane sur la plaine
Gwladys glisse sur la glace
Vladimir revient de Vladivostok
Claire classe ses clichés
Blaise blague dans les blés
Flavien a fait tomber son flan dans la flaque.
Marie Goëtz

170

Le crocodile croque ses crustacés
La brebis broute la branche
Le frelon frémit de froid
La truie tricote son trousseau.
Marie Goëtz

Comptines syntaxiques
Pour s'exprimer

1

Comment ça va, Madame Persil?
Ca va très bien, Madame Gentille
Comment ça va, Madame Cerfeuil?
On ne peut mieux, Madame Millefeuilles
Comment ça va, Madame Estragon?
Rien de bon, Monsieur Bougon.
Marie Goëtz

2

Qui est là?
C'est le rat
Qui est ici?
C'est la souris
Qui va par là?
C'est le boa.
Marie Goëtz

3

Qui vient tous les matins,
Dans mon jardin,
Manger des carottes et du thym?
C'est le lapin.
Qui vient manger de la laitue?
C'est la tortue.
Qui préfère des groseilles?
C'est la corneille.
Bray-Clausard,
Comptines pour l'expression, D.R.

4

Il a une belle crinière
Qui est-ce ?
C'est le cheval Albert
Elle a de longues oreilles grises
Qui est-ce ?
C'est la lapine Éloïse
Il a une queue en tire-bouchon
Qui est-ce ?
C'est le cochon Gaston
Elle a de beaux œufs couleur or
Qui est-ce ?
C'est la poule Isaure.

Marie Goëtz

5

Pour qui sont ces bottes ?
Pour la marmotte.
Pour qui est ce foulard ?
Pour le homard.
Pour qui sont ces lunettes ?
Pour la chouette.
Pour qui est cette perruque ?
Pour le grand duc.

Marie Goëtz

6

Pourquoi vas-tu dans l'eau,
petit oiseau ?
Parce qu'il fait chaud.
Pourquoi veux-tu du pain,
petit lapin ?
Parce que j'ai faim.
Pourquoi viens-tu me voir,
petit lézard ?
Parce qu'il fait noir.

Marie Goëtz

7

Que veux-tu ?
Du tissu.
Que mange-t-il ?
Du persil
Que fait-elle ?
La vaisselle
Que cueillons-nous ?
Du chou
Que pensez-vous ?
Rien du tout.

Marie Goëtz

8

Qu'est-ce que c'est?
Un pied de nez
Que faisait-il?
Une bêtise.
Marie Goëtz

9

Un chapeau sur un chameau
Qu'il est beau!
Une panthère et une haltère
Qu'elle est fière!
Marie Goëtz

10

Tirons les rois
Vive les rois!
Tirons les reines
Vive les reines!
Marie Goëtz

11

C'est Noël!
Joyeux Noël
Nouvelle année!
Bonne année!
Tirons les rois!
Vive les rois!
Les œufs de Pâques!
Joyeuses Pâques!
Marie Goëtz

12

Où sont mes poussins? Crie la poule.
– Ils ne sont pas sous le platane, crie l'âne.
– Ils ne sont pas dans la rue, crie la tortue.
– Ils ne sont pas sur le pont, crie le dindon.
– Ils ne sont pas dans la mare, crie le canard.
– Ne faites pas tant de bruit, ils sont ici, dans leur nid!
dit la souris.

13

Ce n'est pas par là
Tu ne trouveras pas
Ce n'est pas là-haut
C'est bien trop haut
Ce n'est pas par là-bas
C'est bien trop bas
Alors tu donnes ta langue au chat
C'est par là
Voilà!
Marie Goëtz

14

C'est le vent qui chasse les nuages
C'est moi qui respire
C'est la pluie qui arrose les jardins
C'est moi qui barbote
C'est la neige qui fait glisser les luges
C'est moi qui ai froid
C'est le soleil qui réchauffe la terre
C'est moi qui ai chaud.

Philippe Georges

15

C'est Marie
Qui m'a dit oui
Elle est à Rivoli
C'est Gaston
Qui m'a dit non
Il prend l'avion
C'est toi
Qui t'en va
Au Canada

Marie Goëtz

16

C'est avec Sandrine
Que je vais à la piscine,
Tandis que Sandra
Y va avec toi
C'est avec Laurette
Que je fais des claquettes
Tandis que Laura
En fait avec toi
C'est avec Amanda
Que je vais à la plage,
Et c'est bien dommage
Que tu ne viennes pas.

Bray-Clausard,
Comptines pour l'expression, D.R.

17

Si j'étais un parapluie,
Je donnerais des couleurs à la pluie.

Si j'étais un tournesol,
Je servirais de boussole.

Si j'étais un parachute
Je glisserais en silence, chut!

Philippe Georges

18

Enfile ton polo sur le dos!
Avale ton bol avant l'école!
Mets ton chapeau sur la tête: tu es prête!

Philippe Georges

19

Autrefois, je mangeais de la soupe au cresson,
Je câlinais tendrement mon ourson,
Je n'étais pas du tout polisson.

Philippe Georges

20

Je suis allé voyager
J'ai fini le safari
J'ai vu la grue
J'ai fait le pied de nez au zébu
J'ai pu manger du méru
Je suis revenu
J'ai pris un ouistiti
J'ai été ravi.

Marie Goëtz

21

Il y a quelques semaines,
Le jardinier a planté
quelques graines.
Les graines ont germé près
de la fontaine.
Les fleurs ont poussé par
centaines.

Philippe Georges

22

Plus tard, les hommes seront
sages
Ils voyageront sans bagages
À travers un monde qui sera
sans grillages

Philippe Georges

23

Demain j'irai à la cantine
Je mangerai des pâtes
Je jouerai avec mes copines
Et me reposerai sur une
natte.

Marie Goëtz

24

Vite que l'école soit finie!
Vite que l'on jette les
cahiers au feu!
Non, qu'on ne pousse pas la
maîtresse au milieu!
Il faut que la maîtresse
invente de nouveaux jeux.

Philippe Georges

25

Il faut que tu saches compter
Pour que je puisse me cacher
Il faut que tu me dises bon
appétit
Avant de manger le riz
Il faut que nous allions nous
coucher
Car nous sommes bien
fatigués.

Marie Goëtz

26

J'ai eu très peur dans mon sommeil.
Je me réveille en larmes.
Je dormirai mieux la nuit prochaine.

27

Hier quand j'étais chez ma mamie
J'ai été très poli
J'avais mis mes beaux habits
Pour aller chez ma mamie.
Marie Goëtz

28

Tous dans un pré
Brouti brouta
La vache broutait
Trotti trotta
L'âne trottait
Alli alla
Ils s'en sont allés.
Philippe Georges

29

Je faisais le gué
Tu as tout fait rater
J'allais me baigner
Tu es allé bronzer
Je suis venu chez toi
Tu es venu chez moi
J'ai vu une courge
Tu as vu rouge
J'ai pris une truite
Tu as pris la fuite
Je pouvais y arriver
Tu as pu le constater.
Marie Goëtz

30

J'aimais les pommes,
J'en ai mangé beaucoup.

J'aimais le chocolat,
J'en ai croqué beaucoup.

J'aimais les bonbons,
J'en ai sucé beaucoup.

J'étais petit,
J'étais gourmand.

Je suis devenu grand.
Je reste gourmand.
Philippe Georges

31

Moi, dans la cour, je me suis fait mal.
Toi, dans la cour, tu t'es fait mal.
Moi, sur le cahier, je me suis trompé.
Toi, sur le cahier, tu t'es trompé.
Moi, sur la balançoire, je me suis balancé.
Toi, sur la balançoire, tu t'es balancé.
Moi, dans le bain, je me suis lavé les mains.
Toi, dans le bain, tu t'es lavé les mains.
Marie Goëtz

32

En allant chez Germain,
Je me suis trompé de chemin;
Je me suis retrouvé très loin,
Près du moulin
En allant chez Vincent,
Je me suis perdu dans les champs;
Je me suis retrouvé chez Jean,
Près de l'étang
En allant chez Edmée
Je me suis coupé
Je me suis soigné
Et puis j'ai pleuré
Marie Goëtz

33

Que faites-vous
Madame la pie?
Je porte des bijoux
À mon ami le vieux hibou.
Que dites-vous
Monsieur le hibou?
Je dis merci
À mon amie la vielle pie.
Bray-Clausard,
Comptines pour l'expression, D.R.

34

Vous faites la fête?
Vous la faisiez tout l'été
Vous faites la tête?
Vous la ferez quand vous
voulez.

35

Vous dites toujours pareil
Vous dites que j'ai sommeil
Vous dites qu'il faut dormir
Au lit, qu'il faut partir.

Marie Goëtz

36

Si vous cherchez du muguet
Prenez ce chemin
Si vous sauter le ruisseau
Prenez ma main
Si vous aimez ma chanson
Apprenez-la bien.

Philippe Georges

37

Je vais au cinéma
Tu vas voir Léa
Je vais au zoo
Tu vas voir Léo.

Marie Goëtz

39

Chut...
Le père Noël
Il va venir
Il faut dormir
Chut...
La petite souris
Elle va venir
Il faut dormir

Marie Goëtz

38

J'attends Édouard
Qui est en retard;
Je vais m'asseoir
Sur le trottoir
« Que fais-tu là ?
Me dit Thomas,
Je vais m'asseoir
Auprès de toi. »
« Quel est ce jeu ?
Se dit Mathieu,
Je vais m'asseoir
À côté d'eux. »
Voilà Édouard
Qui veut s'asseoir
Sur le trottoir,
Mais c'est trop tard.

Bray-Clausard,
Comptines pour l'expression.

40

Bonjour le soleil
Au revoir la pluie

Bonjour le matin
Au revoir la nuit

Au revoir maman
Bonjour maîtresse

Au revoir la cantine
Bonjour la classe.
Philippe Georges

41

Bonjour Madame,
Comment ça va ?
Ça va pas mal.
Et votre mari ?
Il est malade
À la salade
Il est guéri
Au céleri
Au revoir
Madame radis.

42

S'il te plaît, prête-moi un crayon.
Merci, je veux dessiner.

S'il te plaît, prête-moi ta boîte de peinture.
Merci, je veux colorier.

S'il te plaît, ferme les yeux.
Voilà mon dessin : je te le donne.

Merci, il me plaît.
Philippe Georges

43

De la tarte de ouistiti
Non merci
Un beignet à la souris
Non merci
Une soupe à la fourmi
Non merci
Une salade de riz
Oui merci !
Marie Goëtz

44

Ramina
Est un chat
Raminagrobis
Fait de grosses bêtises
Ramina
Est à moi
Ramina
Est mon chat
Queue de rat.

45

Mon pain
Ta salade
Son jambon
Sa tarte aux fraises
Notre pique-nique
Votre jardin
Leur bel après-midi d'été.
Philippe Georges

46

Ce camion rouge c'est le mien
Cette auto jaune c'est la mienne

Cette poupée rousse c'est la tienne
Ce berceau en bois c'est le tien.

J'ai apporté mes crayons de couleur. Ce sont les miens.
Et mon papier à dessin. C'est le mien.

Tu as pris ta boîte de peinture. C'est la tienne.
Et ton chevalet. C'est le tien.

Faisons de beaux dessins pour notre maman. C'est la nôtre.
Philippe Georges

47

Je suis blond
Tu es brun
Il est roux
Le monde est plus beau
quand il est en couleurs.
Philippe Georges

48

Je t'écris
Tu me réponds.

Je te lance la balle
Tu me la renvoies.
Philippe Georges

49

Nous vous invitons à goûter à
la maison
Vous répondez que vous
viendrez avec plaisir.

Nous préparons la table.
Vous apportez des gâteaux.

Nous nous amusons comme
des fous.
Vous repartez joyeux.
Nous sommes heureux de
cette journée.
Philippe Georges

50

Papa aime les haricots plus
que le saucisson.
Moi, j'aime plutôt les bonbons!
Maman aime le vélo plus que
la natation.
Moi, j'aime plutôt la
télévision!
Philippe Georges

51

Patrick va au cirque
Colombine va à la piscine
Anna va au cinéma
Et Paul reste à la cuisine
Griller des sardines et des aubergines.
Philippe Georges

52

Dans la ratatouille, on trouve :
De la courgette, et pas de fenouil
De la tomate et pas de datte
De l'aubergine, pas de nectarine
De l'ail et de l'oignon,
Du laurier et du poivron
Dans ma ratatouille
Y'a jamais de citrouille.
Nicolas Goëtz

53

Guili (faire des chatouilles sur la tête)
Sur la tête
C'est chouette (tourner les doigts sur les côtés)
Guili
Sous les pieds
Pour rigoler
Guili sur le nez
C'est le pied
Guili
Sous les bras (faire des chatouilles sous les bras)
On s'en va. (lever les bras)
Marie Goëtz

54

Pour Marie, des spaghetti
Avec de la sauce,
Pour Carlos
Pour Julie du riz
Avec du curry.
Marie Goëtz

55

Dents devant (se toucher les dents)
P'tit derrière
Derrière ! (se toucher le derrière)
Marie Goëtz

56

Au lit!
Avant,
Je me brosse les dents
Après,
Je prendrai mon p'tit
déjeuner.
Marie Goëtz

57

Tous en cœur
À Paris chez Denis
Nous allons chez le tailleur
Prendre la chemise d'Éloïse
Chez le boucher
Prendre la viande de Roger
Chez le docteur
Pour écouter battre mon cœur.
Marie Goëtz

58

Des bêtises avec Maryse
Sans maman c'est amusant.
Marie Goëtz

59

À côté de moi
Petit ours Koala
Loin de moi
Sorcière Brulala
À côté de moi
Petite fée Lola
Loin de moi
Ogre Pyrania.
Marie Goëtz

60

(Comptine à geste)
En haut barbicho
En bas petipa
En haut œilrigolo
En bas ptitibia
En haut sono
En bas glissa
Marie Georges

61

Autour du bassin
Il y a une dizaine d'enfants.

Au milieu du bassin
Il y a une dizaine de bateaux.

À l'intérieur des bateaux
Il y a des centaines de rêves
d'aventure.
Philippe Georges

62

Courir à travers champs c'est marrant
Dormir en travers c'est super.
Marie Goëtz

63

Se mettre dos aux enfants pour qu'ils suivent la comptine à geste avec la bonne latéralité.
À gauche, och, och (mouvement du bras)
À droite, oite oite (mouvement du bras)
Et au milieu
Il y a moi et mes grands yeux (faire des ronds avec ses doigts)
Marie Goëtz

64

Quand je mets mon chapeau gris
C'est pour aller sous la pluie
Quand je mets mon chapeau vert
C'est que je suis en colère
Quand je mets mon chapeau bleu
C'est que ça va déjà mieux
Quand je mets mon chapeau blanc
C'est que je suis content !

65

C'est la souris qui mange du riz
C'est le rat qui mange du chocolat
C'est la poule qui mange des nouilles
C'est le mouton qui mange du saucisson
C'est la ferme qui régale
Tout son bétail.
Marie Goëtz

66

Voici une rose que j'aimerais cueillir
Voici l'histoire que je voudrais te lire
Voici l'ami que je voudrais accueillir
Voilà des cerises qui doivent encore mûrir
Voilà l'artiste que l'on pourra applaudir
Voilà le beau temps qui va nous ragaillardir.
Philippe Georges

67

Pendant que tu dors
Je mange des harengs saurs
Pendant que tu lis
Je mange des raviolis
Pendant que tu sors
Je dévore.

Marie Goëtz

68

Chaque fois que Jean a des bonbons
Il les partage avec Marion
Chaque fois que Jean rencontre Caroline
Il lui offre des capucines
Chaque fois que Jean veut aller au cinéma
Il invite Emma
Mais Marion, Caroline et Emma font des farces à Jean chaque fois qu'elles le voient!

Philippe Georges

69

Tandis que bébé dort comme marmotte,
Maman recoud une culotte.
Tandis que papa épluche les carottes,
Maman baigne bébé et le dorlote.
Tandis que maman tricote,
Papa donne à bébé sa compote.
Maman et papa chuchotent,
Tandis que bébé dort comme marmotte.

Philippe Georges

70

Puisque tu n'en veux pas, donne-le moi
Puisque tu ne dis rien, on ne fait rien
Puisque c'est comme ça, on s'en va.

Marie Goëtz

71

Je suis grand mais j'ai encore un peu peur dans le noir
Je me débrouille seule mais je préfère que papa m'aide
Je veux y aller sans maman mais je vais peut-être me tromper
J'ai besoin de papa et de maman mais je veux devenir grand.

Philippe Georges

72

Où est mon cousin Victor?
Et a-t-il fait sa valise?
Victor dort et sa valise ronfle.
Donc nous ne pouvons pas partir.
Or le train arrive en gare et nous allons le manquer.
Ni Victor ni son ours en peluche ne sont prêts,
Car Victor dort encore.

Philippe Georges

73

Je ne veux ni manger ni dormir
Je ne veux ni jouer ni sortir
Mais que veux-tu?
Et bien rien!

Marie Georges

74

Un petit bain, c'est bien
Avec des jeux, c'est mieux
Une petite faim, c'est bien
Un petit creux, c'est mieux.

Marie Goëtz

75

La colline est plus petite que la montagne.
Le pic est plus grand que la montagne.

L'immeuble de mon copain est plus grand que ma maison.
Ma cabane dans le jardin est plus petite que ma maison.

Philippe Georges

76

J'ai faim comme un ogre
Je pleure comme un bébé
Je saute comme une grenouille
Je mange comme un cochon
Mais je suis sage comme une image.

Marie Goëtz

Conclusion

Favoriser l'élaboration du langage par la répétition de comptines est une bonne solution pour entraîner les jeunes enfants à l'emploi de structures mal maîtrisées ou ignorées.

Les comptines donnent à des exercices systématiques un aspect ludique. L'élève n'est pas enfermé dans une situation communicative forte, dans laquelle l'affectif a beaucoup de place, car la comptine est neutre, et ne force pas l'élève à s'engager personnellement face à un groupe ou seul face au maître.

Les comptines permettent également d'aborder très tôt, et même d'anticiper avant qu'elles ne soient rencontrées dans le langage quotidien, les tournures nécessaires à une bonne utilisation des règles du français. Rectifier des erreurs au moment où elles apparaissent n'est parfois pas suffisant et peut provoquer un blocage; de plus, le maître n'a pas toujours la possibilité de corriger tous ses élèves. Avec les comptines, ces tournures s'inscrivent naturellement dans l'esprit des enfants: les élèves les retiennent facilement, les répètent, les réemploient et les modifient, ce qui prouvent qu'elles sont assimilées.

La comptine est également un outil de travail intéressant pour l'apprentissage du langage, car elle s'inscrit dans le discours des travaux de psychologie qui montrent que le développement de la langue se fait d'abord de façon empirique et peu consciente; leur présentation ritualisée permet de centrer l'attention sur une suite ordonnée, d'agir sur un mode conventionnel.

L'objet de cet ouvrage est donc de mettre à distance la langue pour la considérer non plus comme un outil de communication, mais comme un objet d'étude, sans tomber dans l'analyse excessive, ennemie de la poésie, et d'aider le maître à « faire » de la phonologie, au hasard d'une programmation de langage oral ou d'une comptine.

Cependant, chanter, jouer avec les mots et réciter des comptines ne permet pas de comprendre le fonctionnement de la langue de façon exhaustive. Il faudra compléter ces jeux par d'autres activités sur d'autres supports (imagiers, CD audio...).

En maternelle, en GS surtout, le travail sur le phonème et la syllabe ne se limitera pas qu'aux comptines : il faudra également s'intéresser aux relations phonèmes-graphèmes (phonologie) de façon plus approfondie, travailler l'oral dans sa fonction de communication, travailler le langage en évoquant des situations imaginaires absentes pour préparer à l'énonciation du récit, bref, s'entraîner à toutes les autres composantes de la lecture et de l'écrit. En effet, les comptines offrent des situations, tout comme les lectures d'images, qui risquent de couper le langage de la réalité de communication et d'éloigner la notion de sens. Il faudra ainsi veiller à replacer le langage dans des situations fonctionnelles, quand l'écrit est un outil utile à la vie de classe : la notion de situation est de fait très utile à l'enseignant pour essayer de penser le dispositif d'apprentissage de la langue dans sa classe, et pour tirer parti de ce que le hasard lui prodigue.

De même, le langage engage des aspects psychologiques et sociologiques que la comptine peut aider à aborder, mais qu'elle ne peut couvrir entièrement. Les jeux proposés ne sont pas de vraies situations langagières, car les élèves ne choisissent pas de « dire » et ne mobilisent donc aucune fonction communicative.

Le langage oral doit être perçu comme un moyen d'agir sur les choses, sur autrui et sur soi, qu'il faudra développer. Le maître le présentera donc comme un outil qu'il faut maîtriser pour être compris, la prononciation et la syntaxe garantissant cet échange. D'où un travail en transparence sur ces les comptines avec les enfants : « Aujourd'hui, nous allons apprendre à bien prononcer en récitant la comptine du Petit lapin. »

Il ne faudra pas omettre non plus de travailler la poésie hors progression, pour le plaisir d'un texte comme objet d'art et de plaisir.

Enfin, le maître fera appel à ces dernières pour amener les élèves à se corriger en situation. Ainsi, il pourra commencer un enrichissement systématique du bagage linguistique, qui permettra une meilleure approche de la langue, et aidera l'enfant à penser et à communiquer.

Bibliographie

Norbert Babin, *Programmes, projets, activités pour l'école maternelle*, Hachette Éducation, collection « L'école au quotidien », 2000.

Gisèle Besche, *J'écoute et je dis, m'avez-vous compris ?*, Éditions de l'école, 1973.

Gérard Besche, *Comptines pour mieux lire et mieux écrire*, Éditions de l'école, 1974.

Philippe Boisseau, *Enseigner la langue orale en maternelle*, Scéren/CRDP, Retz, 2005.

Bray-Clausard, *Comptines pour apprendre à écouter*, OCDL, 1973.

Bray-Clausard, *Comptines pour apprendre à s'exprimer*, OCDL, 1974.

Bray-Clausard, *Comptines pour apprendre à prononcer*, OCDL, 1976.

Mireille Brigaudiot (coordonné par), *Apprentissages progressifs de l'écrit à l'école maternelle*, INRP, Hachette Éducation, 2000.

Jean-Paul Bronckart *et al.*, *La Genèse de la parole*, PUF, 1977.

Jean-Paul Bronckart, *Genèse et organisation des formes verbales chez l'enfant*, Dessart et Mardaga, 1976.

Nina Catach, *Que faut-il entendre par système graphique du français ?*, Langue française n° 20, décembre 1973.

Gérard Chauveau, *Comprendre l'enfant apprenti lecteur*, Retz, 2001.

Jean-Claude Chevalier, Claire Blanche-Benveniste, Michel Arrivé et Jean Peytard, *Grammaire du français contemporain*, Éditions Larousse, 1964.

Monique Conscience, Jean Bernard Schneider, Gérard Brasseur, *Construction du langage à l'école maternelle, Prévention des difficultés de 3 à 6 ans*, Accès Éditions, 2003.

Irène et Pierre Coran, *Comptines et poèmes pour jouer avec la langue*, Casterman, 2005.

Documents d'accompagnement des programmes, *Le Langage à l'école maternelle*, Direction de l'enseignement scolaire du ministère de l'Éducation nationale, SCEREN/CRDP, Paris, 2006.

Agnès Florin, *Parler ensemble en maternelle, La maîtrise de l'oral, l'initiation à l'écrit*, Ellipses, 1995.

Roland Goigoux, Sylvie Cèbe, Jean-Louis Paour, *Phono*, Hatier, 2004.

Caroline Golder, Dominique Guy-Brassart et Daniel Gaonac, *Manuel de psychologie pour l'enseignement*, Hachette Éducation, 1995.

Marilyn Jager-Adams, Barbara R. Foorman, Ingvar Lundberg, Terri Beeler, *Conscience phonologique*, adaptation française Brigitte Stanké, Chenelière/Didactique, « Langage et communication », Chenelière Éducation, 2000.

Annie Martin, *L'Oral en maternelle*, Nathan Pédagogie, 2002.

Pierre Oléron, *L'Enfant et l'acquisition du langage*, PUF, 1979.

Martin Riegel, Jean-Christophe Pellat, René Rioul, *Grammaire méthodologique du français*, PUF, 1994.

Marie-Odile Taberlet, *Comptines à malices*, Bordas Pédagogie, 2002.

Annexes
(fiches photocopiables)

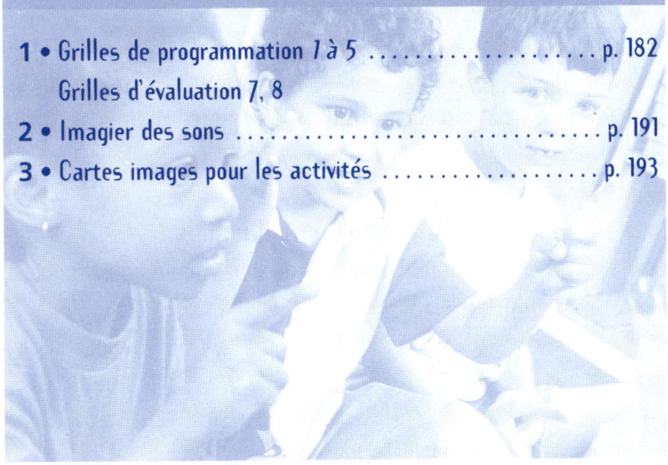

1

Grilles de programmation

Programmation du cycle des comptines

Nous avons volontairement gardé une correspondance entre les numéros des tableaux de la partie 3 et les grilles que vous trouverez-ci dessous. Ces grilles vierges à remplir par l'enseignant permettent une personnalisation des activités et des supports.

Grille 1
«Écouter» *Comptines phonémiques*

Objectifs: Écouter et prendre conscience de son système phonatoire.
Évaluer l'aisance articulatoire des élèves.

À pratiquer toute l'année	PS	MS	GS
Activités préalables			
Comptines pour évaluer les consonnes			
Comptines à rimes vocaliques			
Comptines pour évaluer les voyelles			
Comptines en assonances			

Grille 2
«Jouer avec les sons et le sens» *Comptines phonologiques*

Objectifs: Exercer ses compétences phonologiques.
Exercer son aisance articulatoire.
Rire avec la langue.

Section	PS					MS					GS				
Période	1	2	3	4	5	1	2	3	4	5	1	2	3	4	5

Grille 3
« Prononcer et articuler » *Comptines phonétiques*

Objectifs : Dépasser la signification et orienter vers la prise de conscience des réalités sonores environnantes puis du langage.
Développer la conscience phonique.

Classes				PS					MS					GS				
Période				1	2	3	4	5	1	2	3	4	5	1	2	3	4	5
VOYELLES	phonèmes	orales	a															
			i															
			u															
			ou															
			é															
			eu															
			o															
		nasales	an															
			in															
			on															
	oppositions	orales	a/i															
			u/ou															
			i/ou															
			i/u															
			i/é															
			u/eu															
		na-sales	an/in															
			an/on															
CONSONNES	phonèmes	occlusives	p															
			b															
			t															
			d															
			k															
			g															
			m															
			n															
		fricatives	f															
			v															
			s															
			z															
			ch															
			j															
			l															
			r															
	oppositions	sourdes et sonores	f/v															
			ch/g															
			s/z															
			k/g															
			p/b															
		des points d'articulation	t/k															
			t/d															
			f/s															
			f/ch															
			j/z															
			s/ch															
			ch/j															
			m/n															
			l/r															
Sons com-plé-men-taires			y															
			bl/pl kl fl/vl/gl															
			kr br/fr/tr															

NB : Pour obtenir votre document au format A4, choisissez 140 % d'agrandissement sur votre photocopieuse.

Grille 4
« S'exprimer » *Comptines syntaxiques*

Objectifs : Favoriser l'expression orale.
Favoriser l'utilisation d'une syntaxe correcte.
Sensibiliser à des tournures de l'écrit.

		Classes	PS					MS					GS				
		Périodes	1	2	3	4	5	1	2	3	4	5	1	2	3	4	5
La phrase	L'interrogation	Comment ? comment… ?															
La phrase	L'interrogation	Qui ?															
La phrase	L'interrogation	Qui est-ce ?															
La phrase	L'interrogation	Pour qui ?															
La phrase	L'interrogation	Pourquoi ?… Parce que.															
La phrase	L'interrogation	Que… ? Inversion du sujet															
La phrase	L'interrogation	Qu'est-ce que/ Que + inversion du sujet															
La phrase	L'exclamation	Phrases exclamatives															
La phrase	La négation	Ne … pas															
La phrase	La négation	Ce n'est															
La phrase	L'insistance	C'est moi qui, c'est le…															
La phrase	L'insistance	C'est toi qui, c'est… qui…															
La phrase	L'insistance	C'est avec… que…															
Temps verbaux	Temps	Conditionnel															
Temps verbaux	Temps	Impératif															
Temps verbaux	Temps	Imparfait															
Temps verbaux	Temps	Passé composé															
Temps verbaux	Temps	Futur															
Temps verbaux	Temps	Subjonctif															
Temps verbaux	Temps – Alternance des temps	P. composé, présent, futur															
Temps verbaux	Temps – Alternance des temps	Imp., p. composé, plus-que-parfait															
Temps verbaux	Temps – Alternance des temps	Imparfait, p. composé															
Temps verbaux	Emploi	Être qui se substitue à avoir															
Temps verbaux	Emploi	Faire : vous faites/ vous « faisez »															
Temps verbaux	Emploi	Dire : vous dites/ vous « disez »															
Temps verbaux	Emploi	Prendre : Vous « prendez »/ vous prenez															
Temps verbaux	Emploi	Aller et asseoir															
Temps verbaux	Emploi	Venir : Il va « viendre »															

		Classes	PS					MS					GS				
		Périodes	1	2	3	4	5	1	2	3	4	5	1	2	3	4	5
Formule de politesse		Bonjour, au revoir															
Formule de politesse		S'il te plaît/merci/ non merci															
Les classes de mots	Pronoms	Adjectifs possessifs															
Les classes de mots	Pronoms	Le mien, la mienne, le tien, la tienne															
Les classes de mots	Pronoms	Je, tu, il															
Les classes de mots	Pronoms	Nous/vous															
Les classes de mots	Adverbes	Plus, plutôt															
Les classes de mots	Prépositions	À, au,															
Les classes de mots	Prépositions	De, du, dans,															
Les classes de mots	Prépositions	Sur/sous,															
Les classes de mots	Prépositions	Pour Avec															
Les classes de mots	Prépositions	Devant/derrière															
Les classes de mots	Prépositions	Avant/après															
Les classes de mots	Prépositions	Chez															
Les classes de mots	Prépositions	Avec/sans															
Les classes de mots	Prépositions	À côté de, près de, loin de															
Les classes de mots	Prépositions	En haut, en bas															
Les classes de mots	Prépositions	Autour de Au milieu de À l'intérieur de															
Les classes de mots	Prépositions	À travers															
Les classes de mots	Prépositions	Entre, à gauche, à droite															
La complexité	Conjonctions	Quand															
La complexité	Conjonctions	Qui (relatif)															
La complexité	Conjonctions	Que															
La complexité	Conjonctions	Pendant que															
La complexité	Conjonctions	Chaque fois que															
La complexité	Conjonctions	Tandis que															
La complexité	Conjonctions	Puisque															
La complexité	Coordination	Mais															
La complexité	Coordination	Où, et, donc, or, ni, car															
La complexité	Coordination	Ni															
Comparaison		Mieux															
Comparaison		Plus que/moins que Plus/le plus															
Comparaison		Comme															

NB : Pour obtenir votre document au format A4, choisissez 140 % d'agrandissement sur votre photocopieuse.

Grille 5
Programmation des comptines

Année scolaire : .... Classe : .... Enseignant : ....

Objectifs		Développer la conscience phonologique, phonémique et phonétique			Développer la conscience syntaxique			Apprendre à compter		Installer des repères de vie de classe (thèmes, projets, règles de vie)	
Périodes	Semaines	Unités phonologiques travaillées	Numéro de la comptine	Objectifs spécifiques et activité prévue	Unités syntaxiques travaillées	Numéro de la comptine	Objectifs spécifiques et activité prévue	Numéro de la comptine	Objectifs spécifiques	Numéro de la comptine	Objectifs spécifiques
1	1										
	2										
	3										
	4										
	5										
	6										
2	1										
	2										
	3										
	4										
	5										
	6										

Objectifs		Développer la conscience phonologique, phonémique et phonétique			Développer la conscience syntaxique			Apprendre à compter		Installer des repères de vie de classe (thèmes, projets, règles de vie)	
Périodes	Semaines	Unités phonologiques travaillées	Numéro de la comptine	Objectifs spécifiques et activité prévue	Unités syntaxiques travaillées	Numéro de la comptine	Objectifs spécifiques et activité prévue	Numéro de la comptine	Objectifs spécifiques	Numéro de la comptine	Objectifs spécifiques
3	1										
	2										
	3										
	4										
	5										
	6										
4	1										
	2										
	3										
	4										
	5										
	6										
5	1										
	2										
	3										
	4										
	5										
	6										

NB : Pour obtenir votre document au format A4, choisissez 140 % d'agrandissement sur votre photocopieuse.

Grille 7
Auto-évaluation

Prénoms	Je sais reconnaître des rimes	Je sais frapper les syllabes	Je reproduis un rythme	Je sais prononcer et articuler												Je sais manipuler des syllabes et trouver des mots nouveaux
				[i], [a], [ou]	[p], [t]	[m], [f]	[é], [è], [o]	[k], [s], [n]	[in], [an], [on]	[u], [eu], [e]	[f]/[v]	[s]/[z]	[p]/[b]	[t]/[d]	[s]/[ch] [z]/[j]	

NB : Pour obtenir votre document au format A4, choisissez 140 % d'agrandissement sur votre photocopieuse.

Grille 8
Observation du maître

Compétences langagières PS/MS/GS	Dates d'observation :					
Prénom :	**Très peu**	**Un peu**	**Souvent**	**En cours de construc-tion**	**Maîtrise fragile**	**Très bonne maîtrise**
Parle spontanément à ses camarades						
Parle à la maîtresse						
Parle à plusieurs camarades						
Parle en petit groupe animé par la maîtresse						
Parle dans le grand groupe						
Prend la parole devant le groupe						
Réagit à une consigne simple						
Sait raconter une ou deux images d'album						
Raconte des histoires de sa vie personnelle						
Expose ses goûts, ses projets						
Invente des histoires dans les « coins jeux »						
Utilise des mots dans des discussions autour de thèmes d'évocation						
Nomme des objets qui ont une caractéristique commune ou une même fonction						
Parle autour des objets, formes, fonctions…						
Nomme des actions						
Utilise des verbes ou noms synonymes						
Exprime des sentiments						
Utilise Sur, sous, avant, arrière, devant, derrière, à côté de, loin de						
Utilise « Avant », « après », « maintenant » « aujourd'hui », « un jour » à bon escient Utilise « Hier », « demain » (même s'il se trompe) A une parole compréhensible						
Mots compréhensibles (omissions, inversions, élisions)						
Joue avec la langue (mots de vocabulaire et sons)						

Compétences langagières PS/MS/GS	Dates d'observation:					
Prénom:	**Très peu**	**Un peu**	**Souvent**	**En cours de construc-tion**	**Maîtrise fragile**	**Très bonne maîtrise**
Raisonne (idées)						
Réponds à une question simple «c'est quoi?»						
Répond aux questions «où, quand, comment, pourquoi?»						
Parle avec des mots phrases ou phrases à deux mots						
Parle avec des phrases élémentaires						
Parle avec des phrases complexes						
Utilise «qui, que, parce que, je veux que»						
Utilise «il, elle, on»						
Utilise le «je»						
Utilise «nous, vous»						
Utilise le présent						
Utilise les 3 temps présent/passé composé/futur						
Utilise «à, de, sans, sur, sous, pour»						
Prononce: [i], [a], [ou] [p], [t], [m], [f] [é], [è], [o] [k], [s], [n] [in], [an], [on] [u], [eu], [e] Articule différemment: [f]/[v]; [s]/[z] [p]/[b]; [t]/[d] [s]/[ch]; [z]/[j]						
Identifie les rimes						
Reproduit des syllabes						
Reproduit un rythme de syllabes						
Frappe les syllabes						

NB : Pour obtenir votre document au format A4, choisissez 140 % d'agrandissement sur votre photocopieuse.

Imagier des sons

À l'aide de photos telles que celles présentées ci-après, le maître peut constituer pour le groupe classe un imagier des sons, auquel il se reportera à diverses occasions. Dans notre ouvrage, ces photos servent au tableau 7 (→ Partie 3, p. 65) et lors de l'activité 14 (→ Partie 4, p. 96). Elles ne sont pas exhaustives, mais constituent un exemple à personnaliser avec ses élèves et les sons rencontrés.

frapper les syllabes

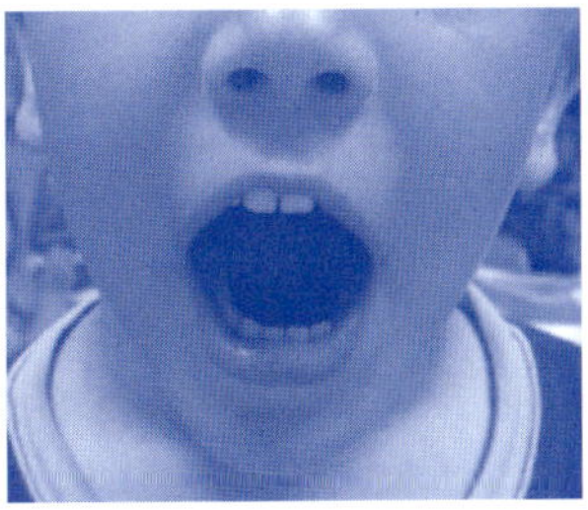

le son [a]

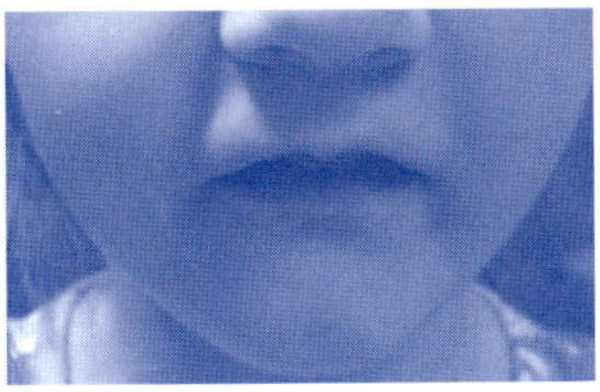

le son [f]

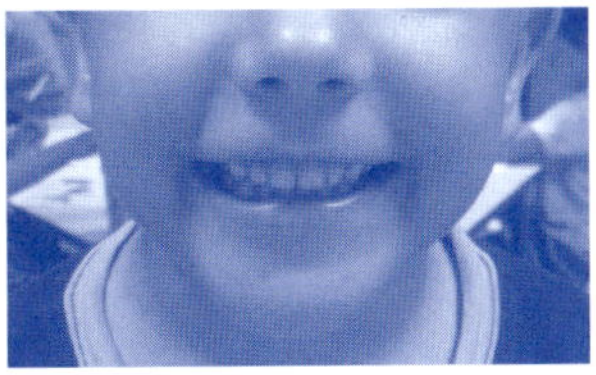

le son [i]

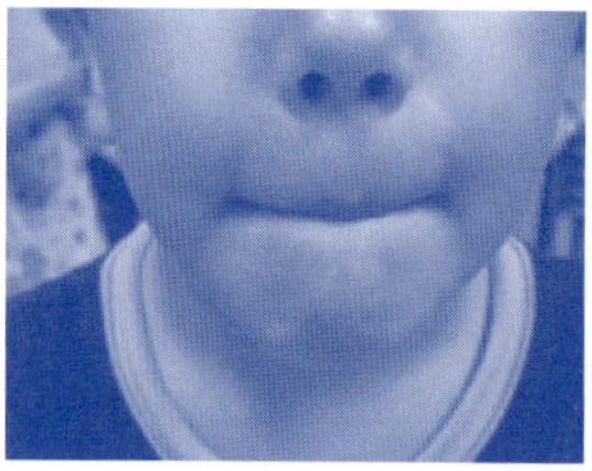

le son [m]

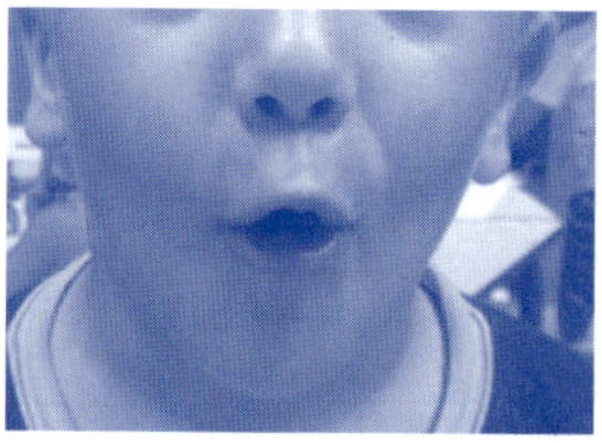

le son [o]

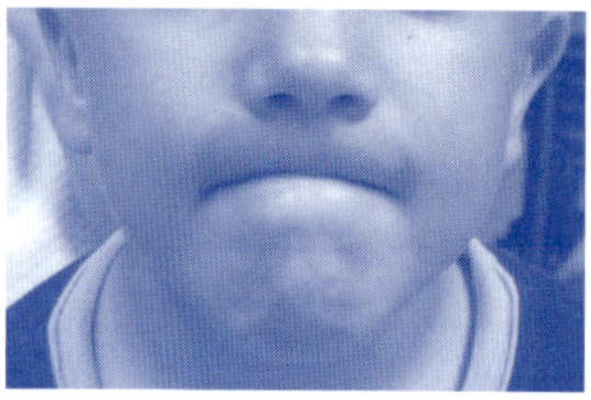

le son [p]

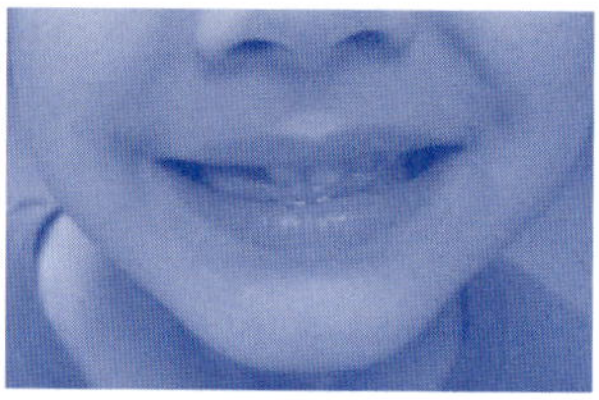

le son [s]

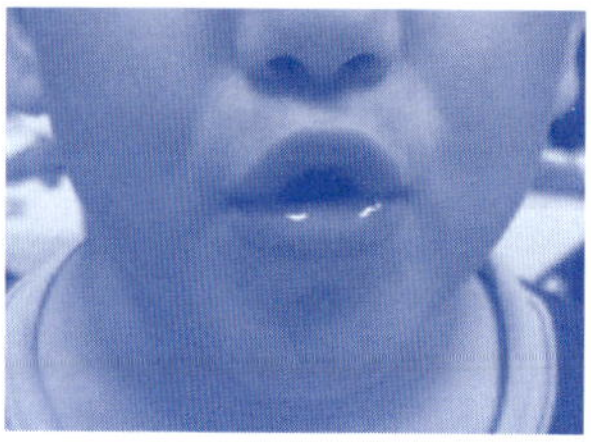

le son [u]

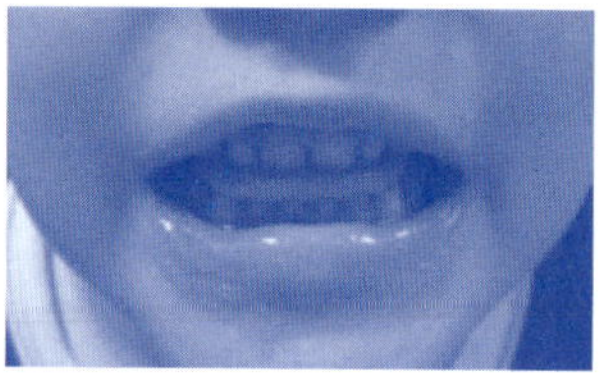

le son [z]

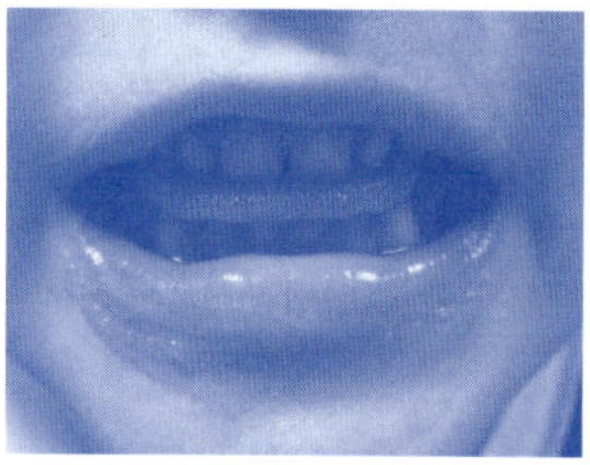

le son [n]

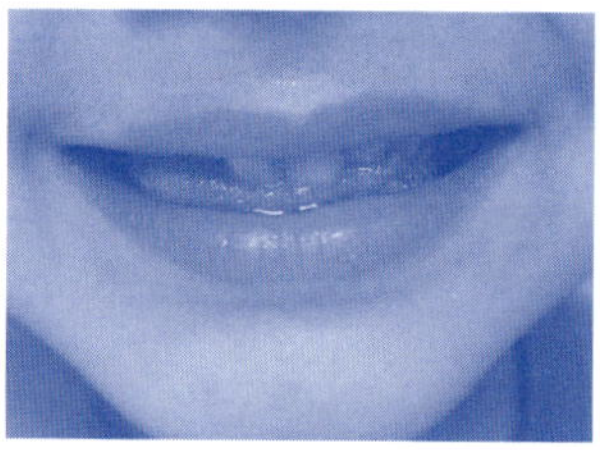

le son [t]

Cartes images pour les activités

Les cartes ci-dessous représentent les images que l'on peut utiliser pour aider les élèves lors de certaines activités.

• Activité 1 (→ Partie 4, p. 70)

Le train

Le serpent

L'enfant se tait

L'enfant est fatigué

• Activité 7 (→ Partie 4, p. 82)

Le lapin

Le bain

La souris

Le lit

L'écureuil

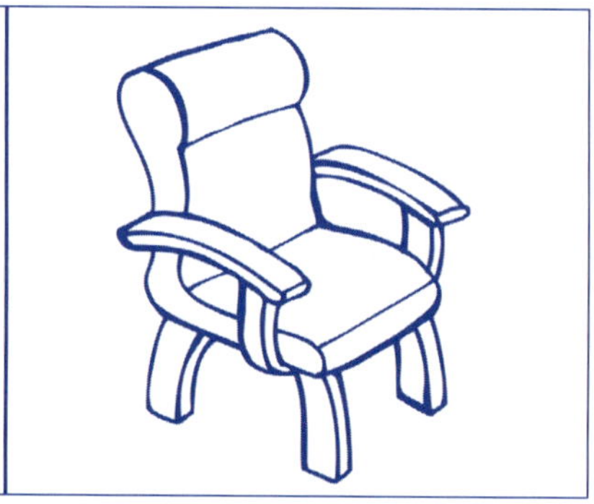

Le fauteuil

• Activité 7 (suite)

Le scarabée

La cheminée

La chouette

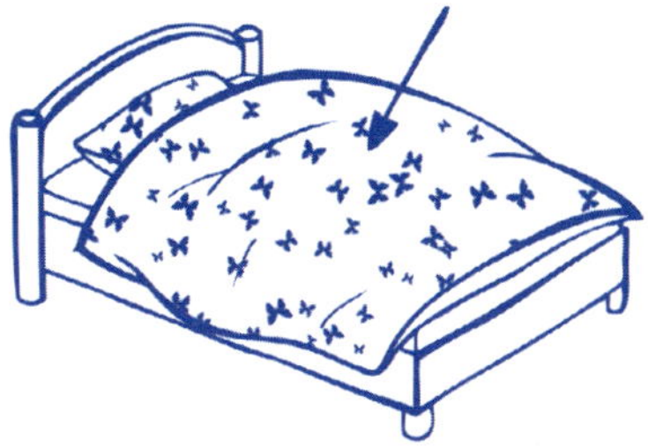

La couette

La mouette

Les toilettes

Activité 7 (suite)

L'éléphant

Le divan

Le boa

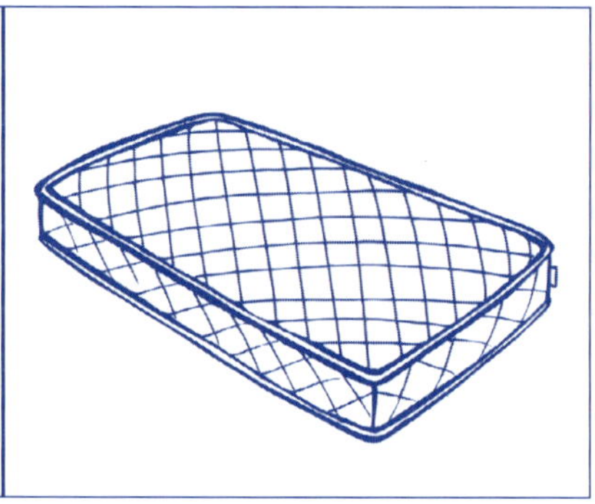

Le matelas

Le loir

L'armoire

• Activité 10 (→ Partie 4, p. 88)

Le pain

Le feu

Le froid

La marâtre

L'ornithorynque

• Activité 10 (suite)

La saucisse

La chaussette

• Activité 26 (→ Partie 4, p. 122)

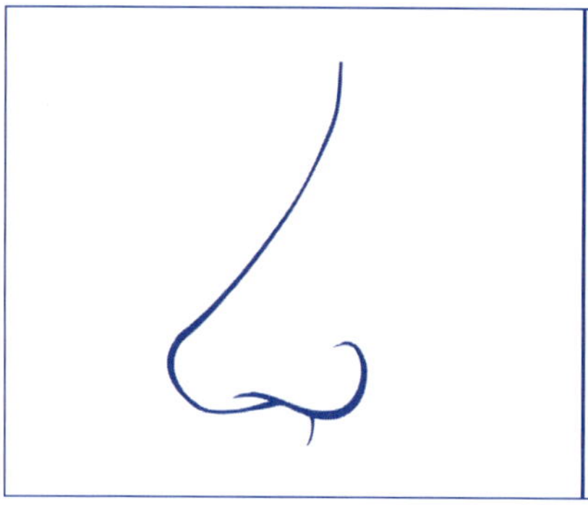

Le nez

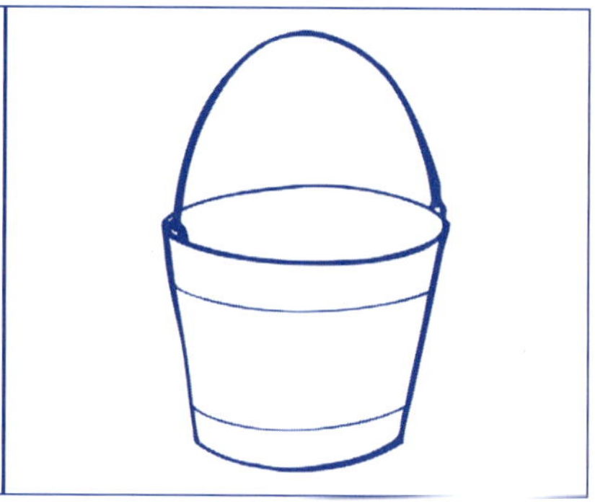

Le seau

Le loup

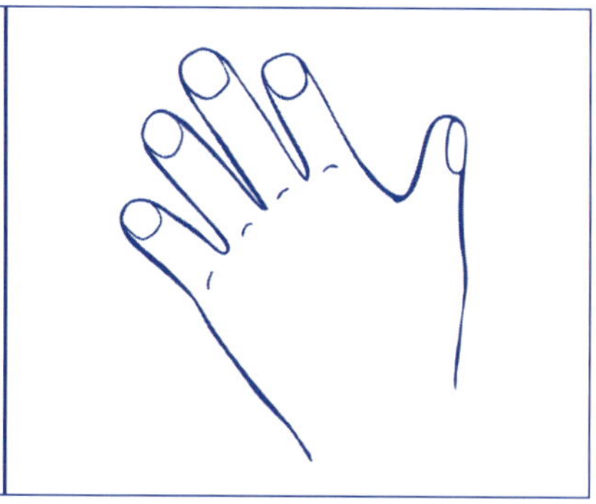

La main

Notes personnelles

N° de projet : 10129767 - Dépôt légal : octobre 2006
Achevé d'imprimer en France en octobre 2006 sur les presses d'EMD SAS, 53110 Lassay-les-Châteaux
N° dossier : 16253